Wind & Wetter

Olivier Le Carrer

Wind & Wetter

Wie das Klima entsteht und sich verändert

Aus dem Französischen von Christa Trautner-Suder

KNESEBECK

Schöpfer vergänglicher Werke

Unsichtbar, doch allgegenwärtig

Unsere Sprache geht mit diesem flüchtigen Begleiter nicht gerade freundlich um. »Etwas in den Wind schreiben« bedeutet so viel wie es aufzugeben, und wer »sein Fähnchen in den Wind hängt«, wird sich wohl keine Freunde machen. In Redewendungen wird der Wind eher als unfreundlicher Charakter verwendet und steht für Zwietracht (Wer Wind sät, wird Sturm ernten) oder Übertreibung (Viel Wind um eine Sache machen) – man könnte glauben, er verkörpere das Negative.

Wie undankbar! Stellen wir uns unser Leben nur einen Augenblick ohne diese merkwürdige Luftbewegung vor: Es gäbe keine Temperaturunterschiede, keine Verteilung des Süßwassers über die Oberfläche unseres Planeten, keine »automatische« Bestäubung der Blüten und keinen Wechsel der Farben des Himmels.
Sogar die Weltgeschichte wäre völlig anders verlaufen. Ohne Wind hätte es weder die Karavelle von Kolumbus noch die von Magellan gegeben. Amerika und Ozeanien hätten noch einige ruhige Jahrhunderte erlebt, und niemand kann sagen, wie sich der Planet entwickelt hätte.

Als sprunghafter und doch entscheidender Bestandteil des Ökosystems verrichtet der Wind auch belanglosere Aufgaben. Er ist ein unberechenbarer Poet, der ein Kornfeld beleben, einen Wald zum Singen bringen oder Passanten necken kann. Nach Lust und Laune sorgt er für ein fröhliches Durcheinander, lässt Saris und Pareos auf den Stoffmärkten in Indien und Polynesien flattern oder bringt bei Feierlichkeiten im Freien sorgfältig frisierte Köpfe in Unordnung. Er ist es auch, der den kleinsten Teich zum Leuchten bringen kann, etwa wenn er ein trübes Gewässer in einen glänzenden, schimmernden Spiegel verwandelt, sich die Sonnenstrahlen in jeder kleinen Welle fangen und widerspiegeln.

Zusammenspiel von Gas und Temperatur

Der Wind ist überall, doch woher kommt er eigentlich? Antworten auf die rein richtungsbezogene Frage geben uns recht einfache Hilfsmittel wie der Wetterhahn, der angefeuchtete Finger oder die Fahne. Doch damit ist nicht geklärt, warum der Wind weht. Wenn wir annehmen, dass die dick aufgeblasenen Backen des griechischen Gottes Äolus nichts mit der Sache zu tun haben, müssen wir uns weniger romantischen, dafür aber aufschlussreicheren Hypothesen zuwenden.
Nach dem Lexikon ist Wind »bewegte Luft«. Die Luft setzt sich in etwa aus 78 Prozent Stickstoff, 21 Prozent Sauerstoff, 0,9 Prozent Argon und Spuren einiger weiterer Gase zusammen. Sie bewegt sich, weil sie nicht an allen Orten dieselbe Temperatur und dasselbe Gewicht hat, eine Unausgewogenheit, die ihre natürliche Reiselust fördert.
Warme Luft dehnt sich aus: Sobald sie an Dichte verliert, wiegt sie logischerweise auch weniger als die kältere Luft. Warmluft steigt also höher als Kaltluft. Dieses Phänomen der Luftumwälzung (Konvektion) kann man über Heizkörpern gleichen Namens (Konvektoren) beobachten. Dabei wird leicht verständlich, warum man in einem Haus, das mit Wandkonvektoren beheizt wird, eher dicke Socken als eine Mütze braucht.

Luftbewegungen: das Spiel mit den Druckverhältnissen

Kaltluft ist dichter als Warmluft, das heißt, sie enthält mehr Luftmoleküle. Folglich ist sie schwerer und sorgt für stärkeren Luftdruck. Dagegen steigt leichtere Warmluft nach oben, sodass Zonen mit geringerem Druck entstehen. Da die Natur das Gleichgewicht gerne wiederherstellt, versucht die »überschüssige Luft« der Hochdruckgebiete das »Defizit« des Tiefdrucks auszugleichen. Die so erzeugte Luftbewegung ist der Wind.

Dieser Wärmeaustausch ist also die Quelle einer von verschiedenen Varianten der Luftbewegung, nämlich die einer vertikalen Zirkulation, die überall zu finden ist, in geschlossenen Räumen wie in der freien Natur. Das kann ein Luftzug sein, der im Treppenhaus sein Spiel treibt und sich vom gut beheizten Erdgeschoss in die oberen kühleren Stockwerke erhebt. Oder der kräftige Aufwind, der sich in Äquatornähe über dem lauwarmen Meer entwickelt. Analoge Luftströmungen bilden sich natürlich auch in umgekehrter Richtung, denn hat sich die nach oben getragene Luft schließlich abgekühlt, sinkt sie wieder nach unten.

Hat man sich erst einmal ausreichend für die Zauberei der warmen, aufsteigenden Luftströmungen und ihrer kühlen, absinkenden Gegenstücke begeistert, muss man einsehen, dass man damit weder einen Klipper auf eine Teefahrt schicken kann noch auf die Bildung von Sanddünen zu warten braucht, denn diesem »Wind« mangelt es an horizontaler Kraft.

Aber nur Geduld, darauf kommen wir jetzt. Dort, wo sich die Warmluft befindet, bleibt der Luftdruck zwangsläufig tief (wegen des geringeren Gewichts der Luft); an Stellen, wo sich Kaltluft sammelt, herrscht dagegen ein hoher Luftdruck vor. Damit sind wir beim Auslöser horizontaler Luftströmungen: dem Druckunterschied zwischen zwei Orten.

2000 Jahre Luftdruckforschung

Aristoteles hatte bereits 400 Jahre v. Chr. erkannt, welchen Einfluss das Gewicht der Luft hat, ohne seine Vermutung beweisen zu können. 1643 erfand der italienische Physiker Evangelista Torricelli, ein Schüler von Galileo Galilei, das Quecksilberbarometer, vier Jahre später konnte der französische Mathematiker Blaise Pascal zeigen, dass der Luftdruck mit zunehmender Höhe abnimmt. Das einstige Wunderkind aus Clermont-Ferrand veröffentlichte die Ergebnisse seiner ersten Forschungsarbeiten im zarten Alter von 16 Jahren; er ist wohl die einzige historische Persönlichkeit, die noch heute täglich in aller Munde ist, wenn im Wetterbericht von den berühmten Hektopascal die Rede ist, mit denen drohende Tiefdruckgebiete oder freundliche Hochdruckgebiete gemessen werden.
1836 konnte ein anderer französischer Mathematiker, Gustave Gaspard Coriolis, ein Phänomen nachweisen, das nach ihm benannt wurde: Die Ablenkung von Luftströmungen durch die Erdrotation. Ergänzt wurde seine Arbeit wenig später von dem niederländischen Meteorologen Christophorus Buys-Ballot. Buys-Ballot ist die Bestimmung der Drehrichtung der Winde um die Zentren der Hoch- und Tiefdruckgebiete zu verdanken sowie das Prinzip, demzufolge auf der Nordhalbkugel – in den Wind schauend – ein Tiefdruckgebiet immer rechts und ein Hochdruckgebiet links vom Betrachter liegt.
Um zu veranschaulichen, wie stark sich der Luftdruck auswirkt, kann ein kleines Experiment helfen: Dazu wird ein Lineal so auf einen Tisch gelegt, dass etwa die Hälfte über den Tischrand hinausragt. Nun ein Blatt Papier auf die Linealhälfte legen, die auf dem Tisch liegt, und auf das in der Luft hängende Ende einen Radiergummi fallen lassen. Das Blatt wird kaum angehoben. Wiederholt man diesen Vorgang, nachdem man das Blatt Papier kräftig zerknüllt hat, wird es gut und gerne 30 Zentimeter in die Höhe fliegen, weil es nun weniger vom Gewicht der Luft behindert wird, durch die kleinere Fläche lastet ein geringerer Luftdruck auf ihm!

‹ Marblehead (Massachusetts, USA). Dank des Windes wird aus der Fahne mehr als ein unbewegtes Stück Stoff, und dank der Fahne wissen wir, woher der Wind weht.

Fortaleza (Brasilien). Die Gebiete in Äquatornähe sind ein wichtiges Glied in der fantastischen Wärmemaschinerie, die die Luft um die Erde zirkulieren lässt.

Bewegung vom hohen zum tiefen Luftdruck

Wir werden noch sehen, wie sich auf der Erde ein gewaltiger Wärmeaustausch organisiert, der über die Lage dieser Warm- und Kaltluftmassen und damit der Hoch- und Tiefdruckzonen entscheidet. Für den Moment reicht es aus, diesen einzigartigen Mechanismus festzustellen, um unsere Eingangsfrage zu beantworten: Liegt eine Tiefdruckzone neben einer Hochdruckzone, kommt es automatisch zu einer Luftverschiebung von der Hochdruck- zur Tiefdruckzone. Dies ist eines der Ausgleichsphänomene in der terrestrischen Physik: Bei zu hohem Druck auf einer Seite und zu niedrigem Druck auf der anderen Seite wird das »Zuwenig« der einen Seite durch das »Zuviel« der anderen Seite auf natürliche Weise ausgeglichen.

Ist man sich über die Richtung einer Luftströmung unsicher, genügt es, sich eine dreidimensionale Wetterkarte und die Isobaren (Linien gleichen Drucks) darauf wie die Höhenlinien einer Gebirgslandschaft vorzustellen. Das Hoch nimmt dabei die Form eines Hügels an, das Tief wird zu einer Senke. Logischerweise sinkt nun die Luft vom Gipfel in den Talgrund.

Die schlechte Nachricht in diesem zugegebenermaßen sehr stark vereinfachten System ist, dass der Wind nicht direkt vom Zentrum des Hochdruckgebiets ins Zentrum des Tiefdruckgebiets sinkt. Die Erdrotation (am Äquator immerhin 1670 Kilometer pro Stunde) lässt ihn vom geraden Weg abweichen und zwingt ihn, seinen Kurs auf der Nordhalbkugel nach rechts und auf der Südhalbkugel nach links zu ändern, dies bezeichnet man als Coriolis-Kraft.

In Europa ergibt sich daraus, dass sich der Wind beim Verlassen des Hochs weitgehend im Uhrzeigersinn um das Hoch herum- und gegen den Uhrzeigersinn im Tiefdruckgebiet weiterdreht. In Australien – und an jedem anderen Ort auf der Südhalbkugel – ist es umgekehrt.

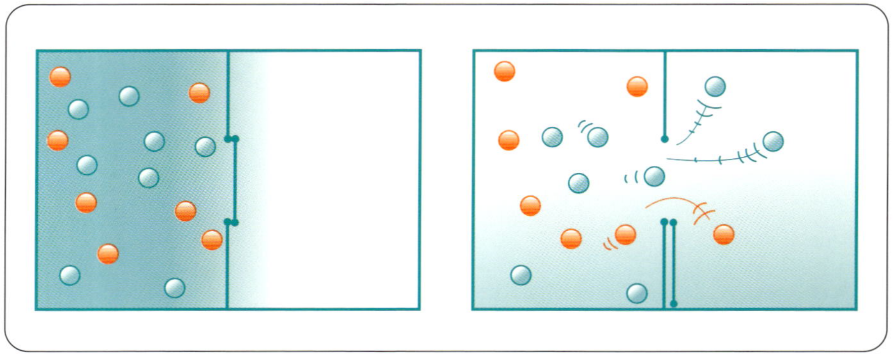

1

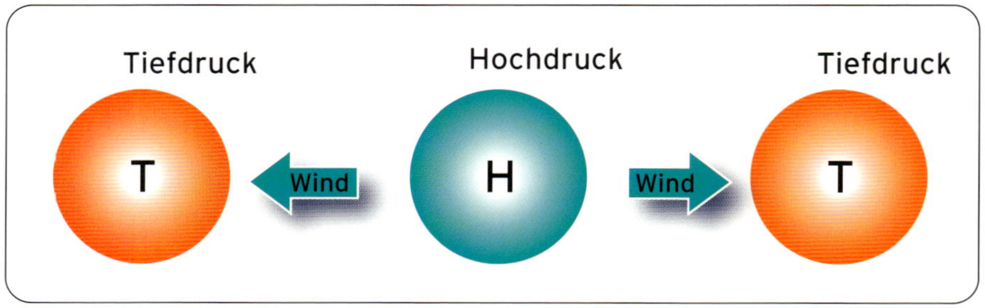

2

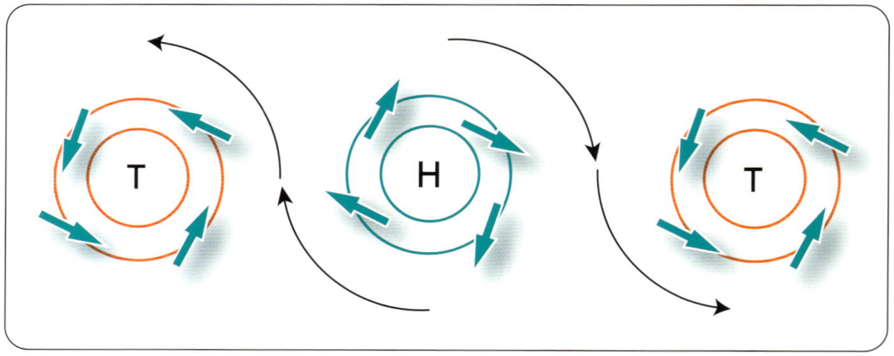

3

1. Die ständige Suche nach dem Gleichgewicht

Hier geht es in der Natur etwa so zu wie bei uns Menschen: Man denke sich ein überfülltes Vorzimmer, dessen Türe zu einem leeren Nebenzimmer geöffnet wird: Viele Leute werden in das leere Zimmer strömen, bis die Menschen in beiden Räumen etwa gleich eng beieinanderstehen!

2. Klare Anziehungskraft …

Wäre die Erde unbeweglich, könnte die Windrichtung recht einfach abgeleitet werden, sie ginge direkt von den Hochdruck- zu den Tiefdruckzentren.

3. … doch mit der Richtung ist es komplizierter

In der Realität lenkt die von der Erdrotation erzeugte Coriolis-Kraft die Bewegung der Luftmassen ab. Global gesehen, bewegen diese sich durchaus vom Hochdruck zum Tiefdruck, aber nicht geradlinig. Sie beschreiben um die Druckzentren eine kreisförmige Bahn. Auf der Nordhalbkugel äußert sich dies durch Winde, die im Uhrzeigersinn um ein Hoch und gegen den Uhrzeigersinn um ein Tief kreisen (auf der Südhalbkugel ist es umgekehrt).

Alles andere als alltäglich sind die grünen Hügel von Faial und ihre Wolken, die der Wind auflöst. Sie kommen mehr oder weniger beständig in den Genuss des legendären Azorenhochs, das im europäischen Wetter eine wichtige Rolle spielt.

Geschwindigkeit: eine Frage des Gefälles

Jeder, der einen Wetterbericht vor Augen hat, aus dem die Verteilung der Luftdruckfelder hervorgeht, kann ausgehend von diesem Grundschema relativ problemlos auf die Windverhältnisse schließen. Nähert sich den Britischen Inseln ein Tiefdruckgebiet, kann ein Beobachter im französischen Cherbourg daraus schließen, dass er in den kommenden Stunden mit recht kräftigen Winden aus Südwesten zu rechnen hat, die anschließend auf West und schließlich auf Nordwest drehen werden. Setzt sich über dem Ärmelkanal ein Hochdruckgebiet fest, kann der Urlauber in der Vendée wetten, dass der Wind auf Ostnordost drehen wird.
Die Windgeschwindigkeit wiederum verhält sich direkt proportional zum Gradienten, oder anders ausgedrückt, zu den Druckunterschieden zwischen zwei Punkten. Nehmen wir noch einmal das Bild der Höhenlinien: Je enger die Isobaren beieinanderliegen, desto steiler ist der »Hang«, desto kräftiger bläst daher der Wind. Umgekehrt äußern sich weiter voneinander entfernte Isobaren durch eine nur leichte Luftbewegung. Beispiel: Ein Druckunterschied von zehn Hektopascal zwischen zwei Orten, die 180 Seemeilen (etwas über 330 Kilometer) voneinander entfernt sind, äußert sich in Windstärke 7; derselbe Druckunterschied zwischen zwei 540 Seemeilen voneinander entfernten Punkten verursacht eine geringere Neigung und nur die Windstärke 3.

Ein bisschen Wärme und Kälte, eine Sache von Druck und Neigung. Damit sind die ersten Geheimnisse des Windes bereits gelüftet, doch es gibt noch viele weitere.

Rituelle Windsäcke an den Hängen des Fuji in Japan (oben), norwegische Hügel, die unter eisigen Böen erstarren (Mitte), vom Südweststurm gebeutelte Segelboote (unten) – auf Formen und Farben unserer Landschaften hat der Wind einen entscheidenden Einfluss.

1

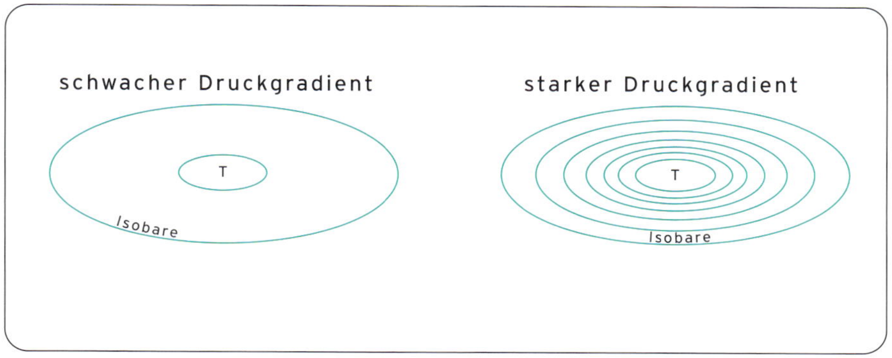

2

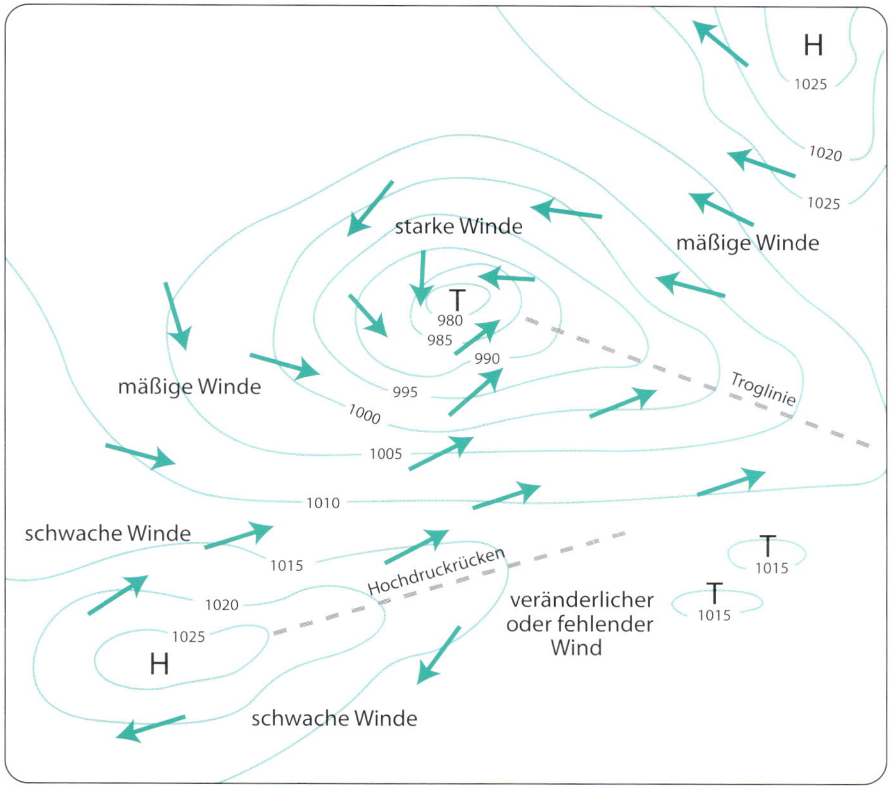

3

1. Wie eine Gebirgslandschaft

Die räumliche Darstellung erleichtert das Verständnis des Vorgangs.
Im Verhältnis zum mittleren Druck ähneln Hoch- und Tiefdruck Hügeln bzw. Tälern. Der Wind weht um die Abhänge herum den Hügel herab und stürzt sich ins Tal.

2. Eine Kraft proportional zum Druckgradienten

Während die Windrichtung von der Lage der Hochdruck- und Tiefdruckzentren abhängt, äußert sich der Druckgradient direkt in der Windstärke, oder anders ausgedrückt, der mehr oder weniger schnellen Druckänderung auf horizontaler Ebene. So wie die Höhenlinien auf einer Karte die Berge darstellen, lässt sich das »Relief« des Luftdrucks durch die sogenannten Isobaren illustrieren. Je enger die Isobaren beieinanderliegen, desto steiler ist der »Abhang«, und desto schneller weht also der Wind.

3. Wie formiert sich der Wind?

Ein Beispiel für die Kräfte und Richtungen, wie sie tatsächlich vorkommen: Die dichte Konzentration um das Tief entspricht heftigen Winden, hingegen äußert sich das »flache Tief« (unten rechts, mit einem unerheblichen Druckgradienten) in veränderlichem oder fehlendem Wind. Bemerkenswert sind die Richtungsänderungen, die durch Entwicklungen vom Typ Hochdruckrücken oder Troglinie hervorgerufen werden. (Im Interesse der leichteren Übersicht wird der Wind hier mit klassischen Pfeilen dargestellt und nicht mit den offiziellen Symbolen der Wetterkarten.

Oben: Diese Ansicht des Orkans Charley 1986 zeigt deutlich die Einrollbewegung – ersichtlich an den Wolkenformationen – um das Tiefdruckzentrum.

Bevor sich diese Wellen in dichten Reihen in der Bucht von Audierne brechen, sind sie durch einen weit entfernten Sturm entstanden und haben einen Teil des Atlantiks überquert. Dann hat der Westwind sie erneut geformt und ihre Gischt weiträumig verweht.

1

So sorgt der Wind für Dünung

Eine ruhige Wasserfläche kräuselt sich durch Turbulenzen, die entstehen, wenn sich die Druckverhältnisse in der Luftbewegung verändern. Bei sehr schwachem Wind (Stärke 1) haben diese winzigen Erhebungen nicht genügend Energie, die Oberflächenspannung des Wassers zu bezwingen; sie verschwinden, sobald der Luftzug aufhört. Ab Windstärke 2 können diese Kräuselungen eine Eigendynamik entwickeln und sich sogar über die Windzone hinaus ausbreiten. Diese Mobilität verhält sich proportional zum auslösenden Impuls, also zur Windstärke und zur Dauer der Wind-aktivität. Kleine Wellen, die durch eine Brise entstanden sind, die mit fünf bis sechs Knoten (Windstärke 2) eine Viertelstunde geblasen hat, glätten sich rasch wieder, sobald sie die Windzone verlassen haben. Bläst hingegen ein starker Wind und hält länger an, weil er von einem sogenannten Fetch profitieren kann – einem langen, unbehinderten Weg über Wasser –, bilden sich entsprechend hohe Wellen, breiten sich aus und können dank der in ihnen gespeicherten Energie einen Ozean überqueren. Die Geschwindigkeit der Wellen nimmt mit dem Abstand zwischen zwei Wellenkämmen zu. Dieser Abstand kann bis zu 900 Meter erreichen mit einem zeitlichen Abstand zwischen zwei Wellenkämmen von etwa 25 Sekunden, der »Periode«. Das entspricht einer Fortbewegungsgeschwindigkeit von über 36 Metern pro Sekunde, also über 120 Kilometer pro Stunde!

Ein Beispiel, um sich den Effekt des Fetch besser vorstellen zu können: Weht der Wind zwölf Stunden lang ablandig mit Windstärke 6, bleibt das Meer auf einer Breite von mehreren Dutzend Metern vor der Küste praktisch glatt. Eine Seemeile vom Ufer entfernt, beobachtet man Erhebungen von 0,5 Metern, und in einer Entfernung von 100 Seemeilen erreichen die Wellen eine Höhe von 2,5 Metern. Bei Windstärke 8 und einem identischen Fetch würden sie an dieser Stelle eine Höhe von vier Metern erreichen.

1. Die Bedeutung des Fetch (links)

Das Ausmaß des Seegangs hängt von der Windstärke, der Dauer des Windes und der Entfernung ab, über die er wehen kann, ohne auf ein Hindernis zu treffen. Im nebenstehenden Beispiel blies der Wind über 24 Stunden mit Windstärke 7.

2. Die entscheidenden Merkmale der Wellen (rechts)

Die Wellen bilden ein Dünungsspektrum, definiert anhand ihrer Höhe und Länge und ihrer Fortbewegungsgeschwindigkeit (oder Fortpflanzungsgeschwindigkeit) entsprechend der Periode (in Sekunden) zwischen zwei Wellenkämmen. Das wesentliche Merkmal für die Beurteilung der Unannehmlichkeit oder Gefahr einer Welle ist aber die Wellensteilheit, anders ausgedrückt, das Verhältnis zwischen Höhe und Breite. Bleibt die Wellensteilheit unter 1/7 (wie im nebenstehenden Beispiel), passiert nichts; liegt der Wert höher, bricht sich die Welle.

2

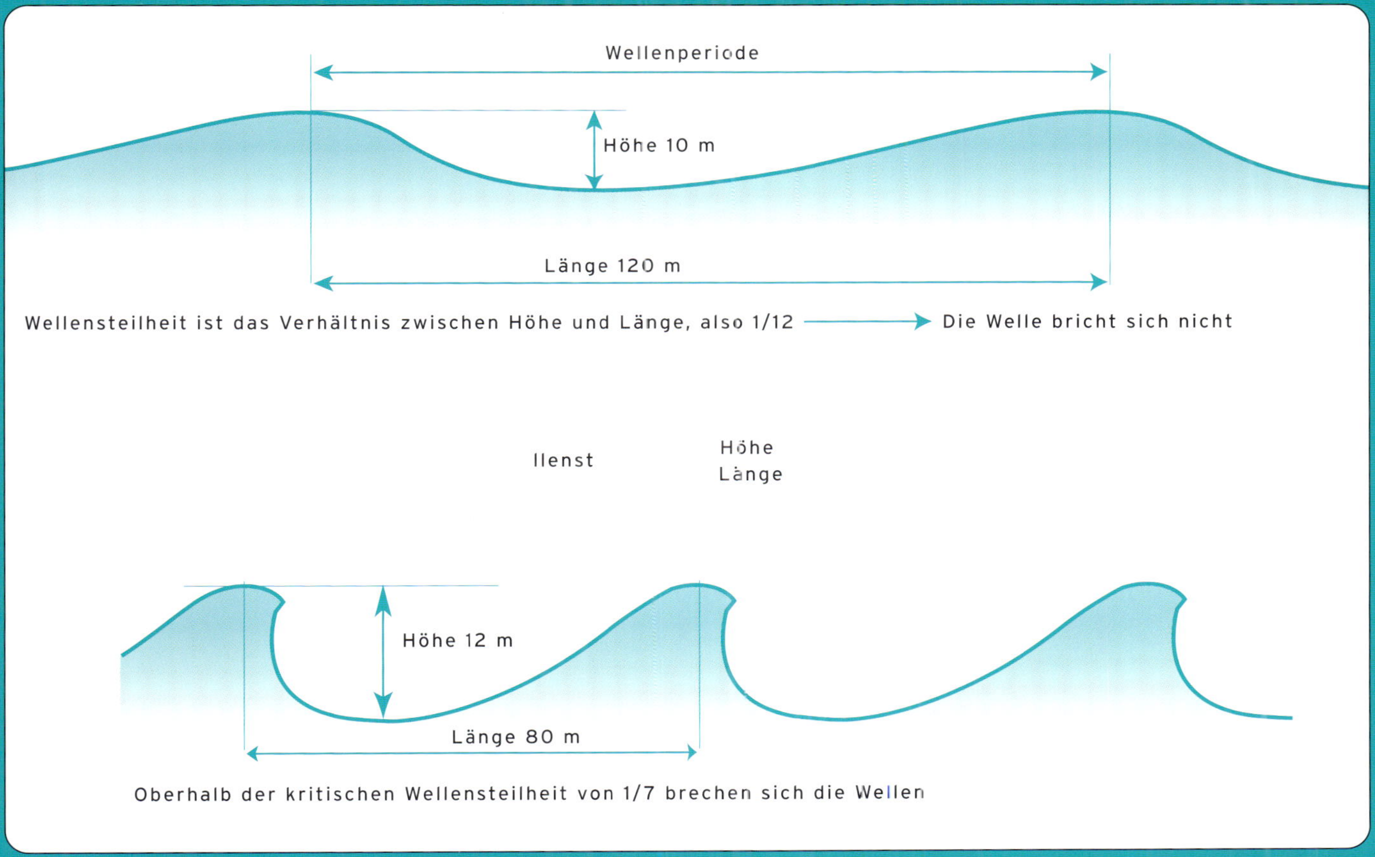

Linke Seite: Die ziemlich abgeflachte Form und die langen Gischtstreifen dieser Wellen im Finistère zeigen, dass der Wind vom offenen Meer her bläst.
Das kaum ausgehöhlte Meer, das aber bereits mit Schaumkronen durchsetzt ist, fliegende Segel, alles deutet hier auf einen kräftigen und plötzlich aufgetretenen Wind hin, wie er für das Mittelmeerbecken typisch ist.

Rechte Seite:
Wird der Wellenkamm so wie hier zerzaust, gibt es keinen Zweifel: Festlandwind arbeitet gegen die Dünung.
Wellen haben ihre eigene Persönlichkeit: Manche sind luftig, andere dichter oder sogar beunruhigend (Monterey, Kalifornien).

‹ Bucht von Waimea (Insel Oahu, Hawaii). Leichter Landwind, perfekte Neigung und eine kräftige Dünung lassen die berühmtesten Wel en der Welt entstehen.

Hier vermischen sich Wellen, die durch echten Wind entstanden sind, mit solchen, die durch künstliche Luftströmungen vom Hubschrauber oder U-Boot erzeugt werden.

Wenn der Strand die Dünung aggressiv macht

Auf offener See kann nur ein sehr heftiger Wind die Wellen so steil werden lassen, dass sie sich brechen. Anders ist es in Küstennähe, wo selbst ohne Wind hohe Wellen entstehen und sich brechen. Erklärung: Sobald die Wassertiefe weniger als die Hälfte der Dünung beträgt, wird diese gebremst, was sich in einer Höhenzunahme und damit in einer stärkeren Steilheit der Wellen äußert.

Wenn sich schelmische Strömungen mit dem Wind vermischen, wird es schwierig, in den Schaumkronen und Wirbeln noch eine Logik zu erkennen.

Gischt und Interferenzen

Auf dem Meer ist nichts festgeschrieben, eine neue Luftströmung kann jederzeit verändern, was eine andere zuvor geschaffen hatte. Daher unterscheiden die Meteorologen zwischen »Windsee« (dieser Begriff bezeichnet Wasserwellen, die unter direktem Einfluss lokaler Winde erzeugt werden) und der unabhängigen Dünung, die sich gelegentlich schneller fortbewegen kann als der Sturm, durch den sie entstanden ist. Ändert der Wind während einer Schlechtwetterphase seine Richtung oder trifft auf einen Wind, der in eine andere Richtung bläst, nimmt das Meer gerne ein chaotisches und äußerst ungastliches Verhalten an. Macht sich eine zweite Dünung auf den Weg, die den Lauf der ersten kreuzt, muss mit dem Auftreten beunruhigender pyramidenförmiger Wogen gerechnet werden, die entstehen, weil sich mehrere Wellenkämme unterschiedlicher Geschwindigkeit oder Ausrichtung punktuell überlagern – gelegentlich kommen auch beide Faktoren gleichzeitig vor. Durch eine solche »Kollision« kann eine Welle entstehen, deren Höhe die »normalen« Wellen in ihrer Umgebung bei Weitem übersteigt.

Allgemeiner gesprochen, steht das »Schaumspiel« in proportionalem Verhältnis zur Windstärke. Die ersten kleinen Schaumkronen tauchen ab Windstärke 3 auf dem Meer auf, ab Windstärke 7 beginnt die Gischt der Wellenkämme zu zerstäuben, und ab Windstärke 9 werden die Sichtverhältnisse wegen der großen Menge an Schaum in der Luft sehr schlecht. An den Stränden ist der lokale Wind, auch wenn er noch so schwach weht, für die endgültige Form der Wellen entscheidend, selbst wenn diese von weit her kommen. Eine ablandige Brise, die der Dünung entgegenwirkt, wird dazu beitragen, die Welle stärker zu wölben und in eine spektakuläre Luftskulptur zu verwandeln, eventuell noch verziert durch eine Röhre. Umgekehrt neigt der auflandige Wind dazu, alles zu erdrücken und die Wellen in einen gleichförmigen Schaum zu verwandeln.

Stärke 3

Bezeichnung der Windstärke: Schwache Brise

Windgeschwindigkeit in Knoten: 7/10

Windgeschwindigkeit in km/h: 12/19

Windgeschwindigkeit in m/s: 4/5

Wirkung auf dem Meer*: Schwach bewegte See, Anfänge der Schaumbildung

Wirkung an Land: Blätter und dünne Zweige bewegen sich, Wimpel werden gestreckt.

Verhalten eines modernen Segelbootes: Angenehme Bedingungen für recht schnelles Segeln bei allen Kursen, mäßige Krängung.

Stärke 4

Bezeichnung der Windstärke: Mäßige Brise

Windgeschwindigkeit in Knoten: 11/16

Windgeschwindigkeit in km/h: 20/28

Windgeschwindigkeit in m/s: 6/8

Wirkung auf dem Meer*: Schaumköpfe werden immer zahlreicher.

Wirkung an Land: Staub, Blätter und loses Papier werden vom Boden gehoben.

Verhalten eines modernen Segelbootes: Schnelles Tempo bei allen Kursen. Hoch am Wind und mit halbem Wind wird bei Booten, die zum Krängen neigen, die Segelfläche allmählich reduziert.

Stärke 5

Bezeichnung der Windstärke: Frische Brise

Windgeschwindigkeit in Knoten: 17/21

Windgeschwindigkeit in km/h: 20/38

Windgeschwindigkeit in m/s: 9/11

Wirkung auf dem Meer*: Mäßige Wellen von größerer Länge, überall Schaumköpfe

Wirkung an Land: Laubbäume beginnen sich zu neigen, auf ausgesetzten Seen bilden sich kleine Wellen.

Verhalten eines modernen Segelbootes: Die meisten Kreuzer müssen bei Kursen hart am Wind die Segel reffen oder die Genua (Vorsegel) einholen. Bei Kursen vor dem Wind werden hohe Geschwindigkeiten erzielt, für den Spinnaker ist beim Kreuzen die Grenze erreicht.

Stärke 0

Bezeichnung der Windstärke: Windstille
Windgeschwindigkeit in Knoten: Weniger als ein Knoten
Windgeschwindigkeit in km/h: 0/1
Windgeschwindigkeit in m/s: Unter 1
Wirkung auf dem Meer*: Spiegelglatte See abgesehen von Windsee
Wirkung an Land: Rauch steigt senkrecht empor
Verhalten eines modernen Segelbootes: Keine Geschwindigkeit

Stärke 1

Bezeichnung der Windstärke: Leiser Zug
Windgeschwindigkeit in Knoten: 1/3
Windgeschwindigkeit in km/h: 11
Windgeschwindigkeit in m/s: 1
Wirkung auf dem Meer*: Leichte Kräuselwellen ohne wirkliche Erhebung
Wirkung an Land: Kaum merklich, nur der Rauch kann die Richtung anzeigen.
Verhalten eines modernen Segelbootes: Echte Fans und Regattateilnehmer kommen langsam voran – die anderen nehmen den Motor zu Hilfe.

Stärke 2

Bezeichnung der Windstärke: Leichte Brise
Windgeschwindigkeit in Knoten: 4/6
Windgeschwindigkeit in km/h: 6/11
Windgeschwindigkeit in m/s: 2/3
Wirkung auf dem Meer*: Eventuell Windsee
Wirkung an Land: Blätter rascheln, Wind im Gesicht spürbar.
Verhalten eines modernen Segelbootes: Ideale Bedingungen, um friedlich hoch am Wind zu segeln, wenig Tempo vor dem Wind.

* Die Wellenhöhen, die in diesem Abschnitt genannt werden, entsprechen den Schätzungen der Wetterdienste, die Werte dienen aber lediglich als Anhaltspunkt und beziehen sich nur auf Gegebenheiten auf offener See, weit weg von jeglichem Einfluss der Küste. Der Zustand des Meeres lässt sich nämlich nur sehr schwer erfassen, da er nicht nur von der Windstärke abhängt, sondern auch von der Dauer des Windes, eventuellen Richtungsänderungen, dem Vorhandensein oder Fehlen von Hindernissen, der Wassertiefe, den Strömungen usw. Ein Beispiel: Man kann auf offener See vor der Bretagne fast ohne Wind eine Dünung von fünf Metern antreffen, dagegen bei Windstärke 7 in der Meerenge Chenal du Four Wellen, die kaum einen Meter hoch werden.

Die Einstufung der Winde

Die Beaufortskala

Das erste, allgemein anerkannte System zur Messung der Windstärke war die Skala von 0 bis 12, die Francis Beaufort, später Admiral der königlich-britischen Marine, 1805 vorgestellt hat. Im Jahr 1835 dann haben in Brüssel die Organisatoren der ersten Internationalen Konferenz für Meteorologische Zusammenarbeit, die Nutzung dieser Skala offiziell bestätigt. Während aber heute jeder diese Skala kennt, auf die sich noch immer die Seefahrer aus aller Welt beziehen, ist nur wenigen bekannt, dass die aktuelle Transkription nur noch wenig mit dem Original zu tun hat. Noch weniger Menschen wissen, dass es sich dabei um eine Gemeinschaftsarbeit handelt! Der britische Ingenieur John Smeaton entwarf eine erste Version mit acht Stufen; sein Landsmann Alexander Dalrymple griff die Idee auf, erweiterte die Skala auf zwölf Stufen und zeigte sie Beaufort, der die glorreiche Idee hatte, sie noch zu ergänzen, indem er eine Beziehung zwischen der Geschwindigkeit und den Segeln des Schiffes und der Windstärke herstellte. Er bezog sich auf die Leistungen seiner Fregatte hoch am Wind und schätzte die ersten Stufen anhand dieser Leistungen, wobei die Windstärke 0 einer Schiffsgeschwindigkeit von null entsprach und die Windstärke 5 seiner Höchstgeschwindigkeit. Nachdem die Geschwindigkeit hoch am Wind anschließend nicht weiter zunahm, wurden die höheren Stufen von sechs bis elf durch Reffen (Verkleinern der Segelfläche) erreicht, Windstärke 12 entsprach dabei der Phase, in der man sich mit Rückenwind und ohne Segel besser davonmachte, wenn man nicht kentern wollte. Erst lange nach dem Tod des Admirals führte die Entwicklung der Dampfmaschine und das damit verbundene Verschwinden des Segelschiffs als Bezugsgröße dazu, dass der Zustand des Meeres für jede Windstärke systematisch erfasst wurde. Diese Arbeit leistete 1927 der deutsche Kapitän Petersen. 1946 wählte die Meteorologische Weltorganisation schließlich den Knoten als offizielle Maßeinheit – ohne jedoch auf die gute alte Skala zu verzichten. Dabei entsprach jeder Windstärke die Geschwindigkeit, die der britische Meteorologe George Clarke Simpson Anfang des Jahrhunderts empfohlen hatte. Diesem verdanken wir übrigens auch eine Kodifizierung der Windwirkungen auf dem Festland. Was heute üblicherweise als Beaufortskala bezeichnet wird, ist also die Synthese von Überlegungen, diese wurden über fast zwei Jahrhunderte hinweg angestellt und haben noch immer ihre Schwächen!

Stärke 9

Bezeichnung der Windstärke: Sturm
Windgeschwindigkeit in Knoten: 41/47
Windgeschwindigkeit in km/h: 75/88
Windgeschwindigkeit in m/s: 22/24
Wirkung auf dem Meer*: In der Luft ist so viel Schaum, dass die Sicht beeinträchtigt wird.
Wirkung an Land: Schäden an Dächern und Kaminen. Leichtgewichtige Personen können umgeweht werden. Der Aufenthalt im Freien wird gefährlich, weil möglicherweise Gegenstände herunterfallen oder herumfliegen.
Verhalten eines modernen Segelbootes: Einige sehr widerstandsfähige und leistungsfähige Boote können noch hart am Wind segeln, wenn der Zustand des Meeres dies zulässt. Die anderen versuchen, sich mit der Sturmfock und vom Wind getrieben in Sicherheit zu bringen.

Stärke 10

Bezeichnung der Windstärke: Schwerer Sturm
Windgeschwindigkeit in Knoten: 48/55
Windgeschwindigkeit in km/h: 89/102
Windgeschwindigkeit in m/s: 25/28
Wirkung auf dem Meer*: Sehr hohe Wellen, die sich brechen, noch weiter verschlechterte Sicht.
Wirkung an Land: Selbst für einen kräftig gebauten Erwachsenen wird es schwierig, sich aufrecht zu halten und gegen den Wind zu gehen.
Verhalten eines modernen Segelbootes: Auch für große Boote ist es nicht mehr möglich, auf offener See hart am Wind zu segeln. Jetzt heißt es sich davonmachen oder beidrehen.

Stärke 11

Bezeichnung der Windstärke: Orkanartiger Sturm
Windgeschwindigkeit in Knoten: 56/63
Windgeschwindigkeit in km/h: 103/117
Windgeschwindigkeit in m/s: 29/32
Wirkung auf dem Meer*: Brüllende See
Wirkung an Land: Bäume können entwurzelt werden, und an weniger widerstandsfähigen Bauten können starke Schäden entstehen.
Verhalten eines modernen Segelbootes: Nur noch möglich, sich ohne Segel in Sicherheit zu bringen.

Stärke 12

Bezeichnung der Windstärke: Orkan
Windgeschwindigkeit in Knoten: 64 und mehr
Windgeschwindigkeit in km/h: 118 und mehr
Windgeschwindigkeit in m/s: 33 und mehr
Wirkung auf dem Meer*: Stark brechende Wellen, die eine Höhe von 14 Metern erreichen können, das Meer ist völlig weiß, die Luft mit Gischt erfüllt.
Wirkung an Land: Risiko katastrophaler Schäden, auch an der Infrastruktur. Ganze Wälder können entwurzelt werden.
Verhalten eines modernen Segelbootes: In dieser Hölle sollte keine Jacht mehr unterwegs sein (die Warnung gilt aber bereits für die drei vorherigen Stufen).

Stärke 6

Bezeichnung der Windstärke: Starker Wind

Windgeschwindigkeit in Knoten: 22/27

Windgeschwindigkeit in km/h: 39/49

Windgeschwindigkeit in m/s: 12/14

Wirkung auf dem Meer*: Überall weiße Schaumkronen

Wirkung an Land: Dicke Äste bewegen sich, hörbares Pfeifen an Drahtseilen, die Nutzung des Regenschirms kann schwierig werden.

Verhalten eines modernen Segelbootes: Großsegel und Vorsegel müssen auf allen Booten gerefft werden. Kleinere oder weniger leistungsfähige Boote können nicht mehr hoch am Wind segeln.

Stärke 7

Bezeichnung der Windstärke: Steifer Wind

Windgeschwindigkeit in Knoten: 28/33

Windgeschwindigkeit in km/h: 50/61

Windgeschwindigkeit in m/s: 15/17

Wirkung auf dem Meer*: Schaum der Wellenkämme wird vom Wind verweht, Wellen können brechen

Wirkung an Land: Kräftige Bäume schwanken, es wird schwierig, zu Fuß gegen den Wind zu gehen.

Verhalten eines modernen Segelbootes: Zwei Reffs im Großsegel, für »mittelmäßige« Segelboote werden Kurse hoch am Wind schwierig.

Stärke 8

Bezeichnung der Windstärke: Stürmischer Wind

Windgeschwindigkeit in Knoten: 34/40

Windgeschwindigkeit in km/h: 62/74

Windgeschwindigkeit in m/s: 18/21

Wirkung auf dem Meer*: Auf offener See können die Wellen eine Höhe von fünf Metern erreichen; Schaum wird verweht.

Wirkung an Land: Es wird unangenehm, gegen den Wind zu gehen, kleine Zweige brechen.

Verhalten eines modernen Segelbootes: Umsichtige Mannschaften haben längst einen Hafen angelaufen. Von denen, die noch auf See sind, gelingt es nur noch guten Booten mit geübten Mannschaften, den gewünschten Kurs zu halten.

Die Jahreszeiten auf unserem Planeten

Klima und Winde: Jede geografische Breite hat ihre Eigenheiten.

Zwar befürchtet manch einer, Frühling, Sommer, Herbst und Winter würden einander immer ähnlicher und wären bald nicht mehr voneinander zu unterscheiden. Wenn man aber durch die verschiedenen Länder unseres Planeten streift, zeigen sich die Jahreszeiten immer noch sehr deutlich, und ihre Grenzen sind alles andere als fließend. Während sich Stadtlandschaften, die Hotelzimmer und das Essen weltweit immer ähnlicher werden, kann das Klima eines Landes ein ebenso verlässlicher Bezugspunkt sein wie dessen Architektur oder Kultur.

Bis auf Weiteres – die zunehmende Erwärmung der Erdatmosphäre droht die gegenwärtige Ordnung zu stören – besitzt jede Region der Welt ihren meteorologischen Fingerabdruck. Das gilt in allen Größenordnungen: für ein großes Territorium ebenso wie für eine kleine Provinz, die von ihrem Nachbarn nur durch eine Wasserfläche oder einen Gebirgsgrat getrennt ist.

An dieser lokalen Färbung ist der Wind offensichtlich beteiligt. Er ist dabei nicht nur ein typisches Merkmal, sondern sogar der unverzichtbare Motor, ohne den nichts so funktionieren würde, wie es der Fall ist.

Seinen Gewohnheiten an jedem dieser Orte entsprechend, kann der Wind den Himmel verdunkeln oder sauber fegen, die Atmosphäre erfrischen oder stickig machen, die Vegetation vernichten oder ihr zu üppigem Wachstum verhelfen. So bleibt er dem Besucher je nach Kontinent und Breitengrad in dauerhafter, aber überall anderer Erinnerung: als laues Lüftchen, schweißtreibende Luftbewegung, sommerlicher **Monsun** an den Ufern des Indus, kräftige Umarmung durch die **Passatwinde** auf den Antillen, warmer Atem am Fuß der Rocky Mountains oder eisige Ohrfeige der **Winterbora** an der Adria.

Düfte und Geräusche

Nicht nur Haut und Augen speichern die Besonderheiten all dieser Luftströmungen, einige Winde können auch das Gehör so stark ansprechen, dass sie unauslöschliche Spuren hinterlassen. Wer je das zu Kopf steigende Brummen der **Brise** auf den Kapverdischen Inseln gehört hat, das Tag und Nacht ertönt, wird es nie wieder vergessen. Dasselbe gilt für das schreckliche Heulen der **Stürme**, die sich die Gletscher Patagoniens hinabstürzen, oder das leichte Geraschel des **Kohilo** in den Zuckerrohrplantagen auf Hawaii.

Fehlt jedoch der Wind, werden seine beeindruckenden Fähigkeiten umso deutlicher. Der Meeresboden im Golf von Guinea mit seinen Erdölvorkommen und seinem bleiernen Himmel scheint immer auf die Luftströmung zu warten, die der Landschaft zu neuem Leben verhelfen wird, und wenn die **Passatwinde** im Pazifik nicht zum Appell erscheinen, läuft der Motor für das gesamte Klima der Südhalbkugel nicht mehr rund.

Diese relativ stabile Verteilung der Winde um den Planeten ist das Ergebnis eines perfekten Gleichgewichts, so perfekt, dass nicht immer festzustellen ist, ob Wind oder Wolke zuerst da war.

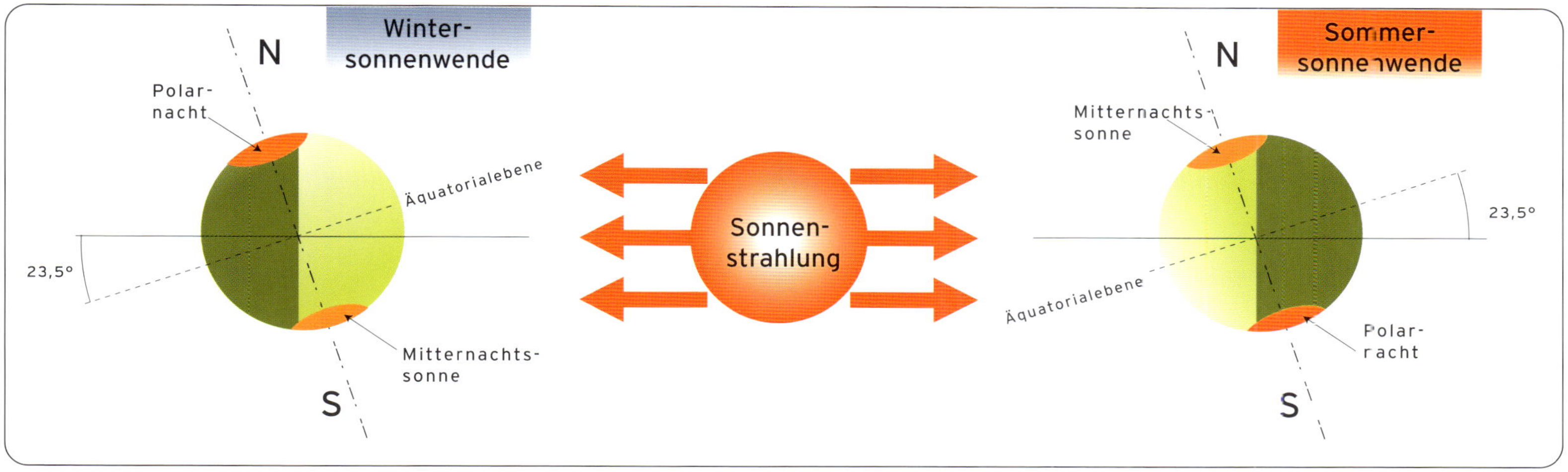

Astronomie

Die Temperaturunterschiede und Jahreszeiten auf den verschiedenen Breitengraden entstehen aufgrund der Neigung der Polachsen, denn auf diese Weise wirkt ein höherer oder tieferer Sonnenstand auf die Erde. Die Äquatorialzone wird immer großzügig von der Sonne versorgt, die Wendekreise nehmen abwechselnd den besten Platz ein. In den gemäßigten Zonen ist im Sommer der Norden der Sonne stärker ausgesetzt, im Winter weniger stark. Im Süden ist es umgekehrt. Der Nordpol schließlich ist im Winter unzugänglich (da er dunkel bleibt) und im Sommer nur wenig gastfreundlicher. Die Sonne scheint dann zwar rund um die Uhr, da sie sich aber kaum über den Horizont erhebt, wärmt sie nur geringfügig. Zu dieser Zeit ist es am Südpol dagegen fast völlig dunkel.

Ausgangspunkt ist stets die Sonneneinstrahlung, die auf der Oberfläche des Planeten ungleichmäßig verteilt ist: Über das Jahr gesehen, bekommt der Äquatorstreifen die großzügigste Dosis ab. Die Tropenzonen direkt daneben werden ebenfalls reichlich versorgt, mit kleinen Unterschieden aufgrund der Neigung der Erdachse, die den Reigen der Jahreszeiten bestimmt. Während auf der Nordhalbkugel Sommer ist, befindet sich die Sonne senkrecht über dem Wendekreis des Krebses (der sich im Norden befindet) und liefert diesem Gebiet daher ein Maximum an Wärme. Von Dezember bis März ist es umgekehrt, nun profitiert der gegenüberliegende Wendekreis des Steinbocks von der Sonne im Zenith. Der Rest der Welt teilt sich die verbliebenen Sonnenstrahlen, die gemäßigten Zonen genießen im Sommer einen recht ordentlichen Teil und im Winter das zum Überleben notwendige Minimum, während die Polarregionen ganzjährig mit der Minimaldosis abgespeist werden.

Die Sonne in einem anderen Winkel

Selbst wenn man für Geometrie nicht viel übrig hat, können einige Zahlen hier doch für Klarheit sorgen. Zur Sommersonnenwende (21. Juni) haben die Bewohner von Freiburg bis München – also etwa auf dem 47. und 48. Breitenkreis – zumindest bei wolkenlosem Himmel das Vergnügen, eine Sonne zu genießen, die mittags in einem Winkel von 65° über dem Horizont steht. Zur Wintersonnenwende (22. Dezember) erhebt sich diese Sonne nicht höher als auf 18°! Ihre flachen Strahlen wärmen also kaum noch. Am selben Tag steht über den Köpfen der Madagassen und Cariocas ein Sonnengestirn im Winkel von exakt 90°. Daraus lässt sich leicht schließen, dass die Wärmebilanz in diesen verschiedenen Regionen äußerst gegensätzlich ausfällt: ständiger Wärmeüberschuss rund um den Äquator, riesiges Defizit in den Polarzonen. Diese Situation wird auch nicht von der Mitternachtssonne ausgeglichen, die am Nordpol kaum über 20° steigt und sechs Monate lang gänzlich verschwindet. Nachdem jedes System im Universum nach dem Gleichgewichtsprinzip arbeitet, konnte es nicht ausbleiben, dass derartige Gegensätze nach einem Ausgleich verlangten. Die kalte und dichtere Polarluft sorgt logischerweise für eine ausgedehnte Hochdruckzone im Umkreis beider Pole; umgekehrt äußert sich die Hitze am Äquator in einem großen Tiefdruckgebiet, wobei die leichtere Warmluft nach oben steigt. Da die Luft der Hochdruckzonen natürlicherweise von den Tiefdruckzonen angesaugt wird (siehe Kapitel I), muss die kalte Polarluft in Richtung der Zonen zwischen den Wendekreisen absinken und sich dort erwärmen.

Patagonien liegt zwischen der polaren und der Ferrel-Zelle in hohen südlichen Breiten. Es wird von Tiefdruckgebieten beherrscht, die starke Westwinde erzeugen.

Genfer See. Die eisige Bise, die den französisch-schweizerischen See aufwühlt, hat seine Ufer plötzlich winterlich verhüllt. >

In der Folge gewinnt sie an Höhe und tritt den Rückweg nach Norden an, um dort den freien Platz wieder einzunehmen. Diese Erklärung klingt plausibel, ist aber zu einfach. Die Natur hat anders entschieden, und das ist für den Leser ein Glück. Würden sich die Abläufe nämlich wie oben beschrieben verhalten, dann hätten wir in Deutschland kein gemäßigtes Klima, sondern würden ganzjährig unter einem griesgrämigen Himmel von eisigen Nordwinden heimgesucht!

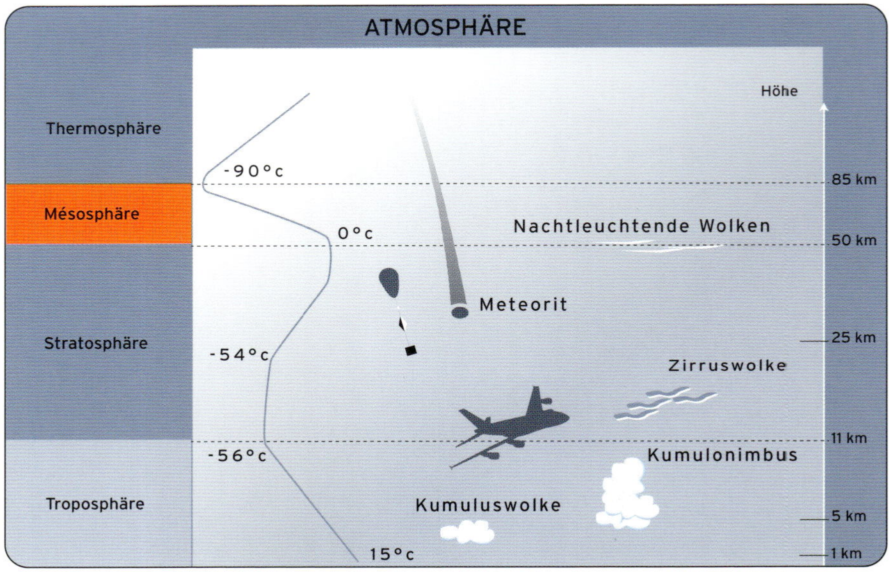

Die verschiedenen Schichten der Atmosphäre

Die Troposphäre betrifft uns zwar direkter, entscheidend für unser Klima ist aber auch, was sich über dieser Schicht abspielt!

Eine Reise in mehreren Etappen

Erste Komplikation: Der Abstand zwischen den Polen und dem Äquator ist zu groß. Auf ihrer langen Rückreise in die Höhe kühlt sich die Warmluft zu schnell ab und sinkt wieder, bevor sie den Pol erreicht hat. Dasselbe Phänomen tritt beim Absinken der polaren Luftmassen nach Süden auf: Die Kaltluft kommt gar nicht bis zum Äquator, sondern erwärmt sich, sobald sie in die Nähe des 50. Breitenkreises gelangt, und bereits hier beginnt sie wieder zu steigen.
So bildet sich allmählich ein Schema heraus. Es gibt also nicht nur einen Konvektionskreislauf, sondern auf jeder Halbkugel mindestens zwei. Diese Bereiche nennt man zu Ehren des englischen Astronomen, der diesen Mechanismus 1735 erstmals nachwies, die Hadley-Zellen. Eigentlich gibt es sogar drei verschiedene Bereiche, denn im 19. Jahrhundert zeigte der amerikanische Meteorologe William Ferrel, dass es auf Höhe der gemäßigten Breitengrade noch eine weitere Konvektionszelle gibt (Ferrel-Zelle).

Eine weitere Komplikation: die Erdrotation mit der unausweichlichen Coriolis-Kraft. Mit festem Boden unter den Füßen achten wir kaum darauf, begrüßen allenfalls die Dämmerung oder verfolgen, wie der Mond aufgeht. Die Coriolis-Kraft verursacht aber tatsächlich entscheidende Vorgänge zwischen Troposphäre und Stratosphäre, lenkt die Oberflächenwinde ab und erzeugt Jetstreams in der Höhe. Diese superstarken Luftströmungen (sie erreichen leicht 450 Kilometer in der Stunde), die von Flugzeugpiloten genutzt werden, um die Flugzeiten zu verkürzen, beeinflussen die Position der Zellen entscheidend, da sie das Wiederaufsteigen der Kaltluft Richtung Norden blockieren können.
Fassen wir zusammen: Vom Nordpol ausgehend (siehe Schema), trifft man zunächst auf eine Hochdruck-Kaltluftmasse, gefolgt von einer Tiefdruckzone zwischen dem 50. und 60. Breitengrad durch die wieder aufsteigende Warmluft. Hier beginnt die zweite Zelle, die Ferrel-Zelle. Es folgt nach einem unbestimmten Bereich eine beständige Hochdruckzone, deren Beginn mit der absteigenden Kaltluft der dritten Zelle zusammentrifft, der Hadley-Zelle. So kommen wir in die Nähe des Äquators, ein bevorzugtes Gebiet starker Hitze und tiefen Luftdrucks.
Dieselbe Verteilung findet man entsprechend symmetrisch auf der Südhalbkugel. Auch die Meeresströmungen wirken an diesem System mit, sie beeinflussen den Luftdruck durch Erwärmen oder Abkühlen einer Zone, ihre Rolle bleibt aber im Vergleich zu dem großen Tauschsystem in der Atmosphäre zweitrangig.

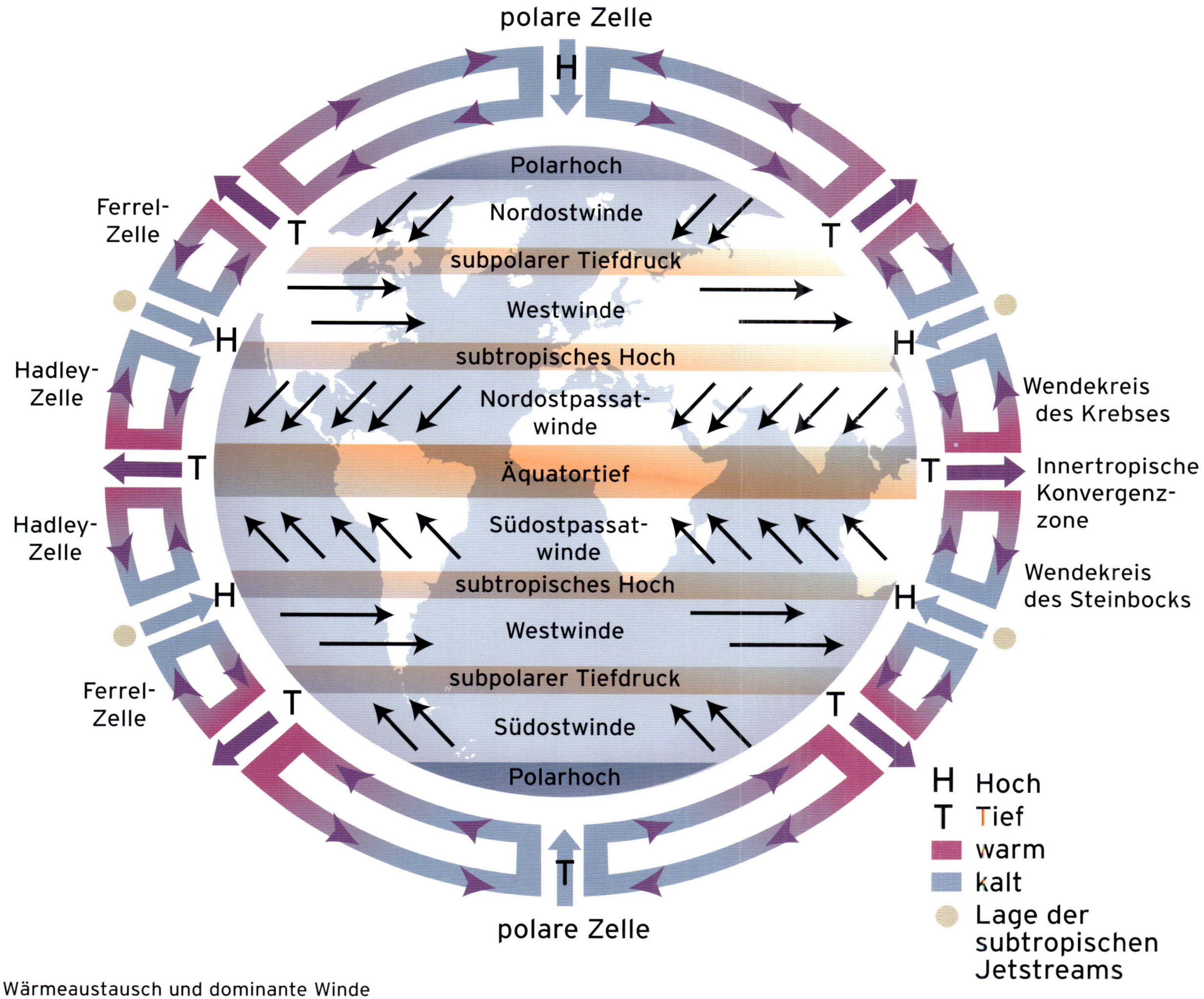

Wärmeaustausch und dominante Winde

Die Verteilung der Luftdruckzentren und wichtigen Windrichtungen steht in direktem Zusammenhang mit den »Zirkulationsrädern« oder »Zellen«, die in mehreren Etappen einen Wärmeaustausch zwischen dem Äquator und den Polen ermöglichen.
Achtung: Dies ist eine stark vereinfachte schematische Darstellung. Windposition und Windrichtung können sich je nach Jahreszeit von Kontinent zu Kontinent stark unterscheiden.

Saint-Pierre-et-Miquelon. Seltener Moment anhaltend schönen Wetters in einer Zone, die den Großteil des Jahres von starken Westwinden heimgesucht wird.

Die meteorologische Situation im Sommer

Hier findet man weitgehend dieselben Elemente wie im Schema auf Seite 33, durch die Präsentation in Form einer Erdkarte lässt sich die Windrichtung im Bereich der Luftdruckzentren aber besser darstellen. Gut zu erkennen ist weit oben das Azorenhoch, das einen Großteil Europas vor den Tiefdruckgebieten »schützt«.
Die sogenannte ITC (innertropische Konvergenzzone) entspricht dem Tiefdruckstreifen, der die Passatwinde aus Nordost auf der Nordhalbkugel von denen aus Südost auf der Südhalbkugel trennt. Diese Zone ist je nach Jahreszeit auf unterschiedlichen Breitengraden zu finden.

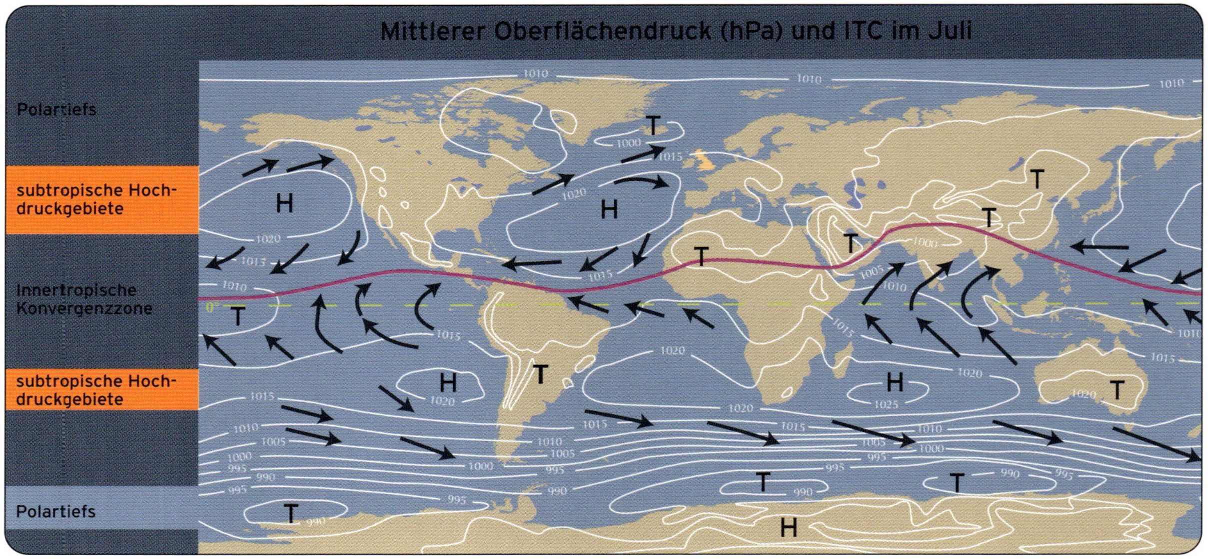

Wenn das Festland Verwirrung stiftet

Wie wir gesehen haben, wird der Wind automatisch von den Zentren hohen und tiefen Luftdrucks abgelenkt und weht aufgrund der Coriolis-Kraft zwischen beiden hin und her und um sie herum.
Die entscheidenden Bedingungen breiten sich also vom Nordpol her aus: Es beginnt mit einer Zone, in der überwiegend Nordostwinde wehen, gefolgt von einem Streifen, der hauptsächlich von Westströmungen beherrscht wird. Dieser geht über in ein Gebiet mit vorherrschender Nordostströmung (die berühmten **Passatwinde**) und schließlich in die innertropische Konvergenzzone, rund um den Äquator. Dort weiß der Wind nicht so recht, was er tun soll, eingezwängt zwischen zwei widersprüchlichen Einflüssen in einer überhitzten Umgebung, was sich in einem Wechsel von Flauten und heftigen Niederschlägen mit Sturmböen äußert. Im Atlantik nennt man eine solche Stelle »Pot au noir«, allgemein spricht man von »Kalmen«. Frühere Seefahrer fürchteten solche Gebiet ebenso wie heutige Regattasegler. Die einen hatten Angst, ihre Gesundheit oder das Leben zu lassen, wenn sie wochenlang in der Flaute festsaßen, die anderen fürchten, mangels Wind einen wertvollen Vorsprung zu verlieren. Man findet dieselbe Verteilung auf der Südhalbkugel, nur blasen die **Passatwinde** hier aus Südosten, wiederum aufgrund der Coriolis-Kraft.
Nun fehlt in unserer Verteilung der Luftströmungen noch ein weiteres wichtiges Element, und zwar das Festland. Denn während das obige Schema über den Meeren absolute Gültigkeit hat, sieht dies über den Kontinenten deutlich anders aus. Dafür gibt es zwei Gründe: Festland und Meer nehmen die Sonnenenergie auf unterschiedliche Weise auf. Ganz allgemein weist das flüssige Element eine sehr viel ausgeprägtere thermische Trägheit auf, was unvermeidlich zu Temperaturunterschieden zwischen Festland und Meer führt und damit auch zu Verschiebungen des Luftdrucks. Dadurch entsteht unweigerlich eine Bewegung von einer zur anderen Fläche. Dieser Fluss kann örtliche Veränderungen hervorrufen und damit den oben analysierten Kreislauf völlig durcheinanderbringen.
Der andere Faktor, der für Unregelmäßigkeiten sorgt, sind die Unebenheiten der oberen Erdschicht. Die Tatsache, dass die Westwinde in Wladiwostok und Bordeaux unterschiedliche Auswirkungen haben, obgleich beide Städte auf demselben Breitengrad liegen, beruht zum einen darauf, dass zwischen beiden Städten ein riesiges Gebiet mit gegensätzlichen Temperaturbedingungen liegt, zum anderen aber auch auf der unterschiedlichen Oberflächenbeschaffenheit, über die der Wind mehr oder weniger ungehindert gleiten kann. Dies erklärt auch, dass die Windgeschwindigkeit am Boden immer geringer ist als in zehn Meter Höhe und dort wiederum niedriger als in 100 Meter Höhe. Seinen speziellen Charakter erhält der Wind also vom Bodenrelief.

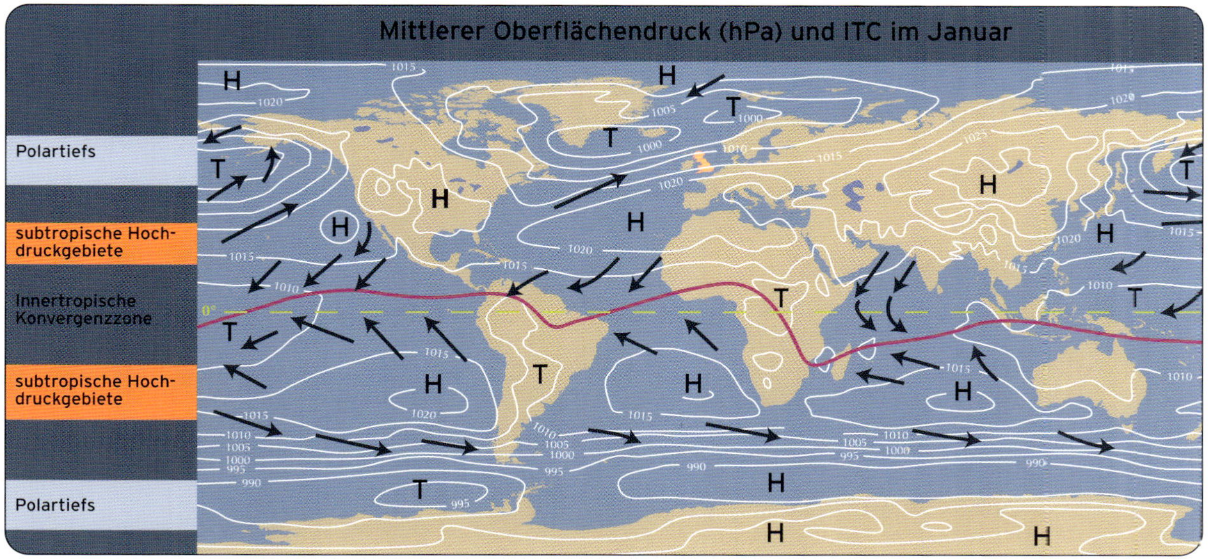

Die meteorologische Situation im Winter

Die Hochdruckgebiete der Nordhalbkugel schwächen sich ab und verlagern sich nach Süden, so dass die Tiefdruckgebiete über dem Pazifik und dem Atlantik leichter zum nördlichen amerikanischen Kontinent und nach Europa vordringen können. Die Tiefdrucklage in den hohen Breiten der Südhalbkugel ist etwas weniger ausgeprägt, dies ist die »weniger dramatische« Zeit für eine sichere Umrundung von Kap Hoorn.

Hätten die synoptischen Westwinde die Absicht, Eurasien geradlinig zu durchqueren, würde das komplexe Netz von Felsmassiven auf dem Kontinent sie daran hindern, dasselbe gilt für Amerika. Den Wind, der allein aus der Lage der großen Luftdruckzentren und dem Einwirken von Druckgradient- und Coriolis-Kraft entsteht, bezeichnet man als »synoptischen Wind«. Mit diesem vermischen sich dann alle möglichen Einflüsse durch die Beschaffenheit des Reliefs.

Nähert sich der Wind einem Berg, muss er sich für den leichtesten Weg entscheiden, um ihn zu überwinden, und dazu zwischen zwei Möglichkeiten wählen: außen herum oder oben drüber. Meist entscheidet er sich für die erste, weniger »ermüdende« Option. Dies zeigt sich in einer Änderung der Richtung und häufig auch der Geschwindigkeit, da sich der Luftstrom einem »Korridor«, einem Tal oder einer Schlucht mit unterschiedlichem Platzangebot anpassen muss. Wählt der Wind den Weg über den Berg, ist dies nicht notwendigerweise mit einer Richtungsänderung verbunden, löst aber eine deutliche qualitative Veränderung der verlagerten Luft aus. Sie führt beim bergab wehenden Wind zu einem völlig veränderten System, normalerweise wird sie austrocknen und sich unter dem Föhneffekt erwärmen. Hohe Gipfel schließlich können durch die Wirbel, die entstehen, wenn sich der Höhenwind an ihnen festsetzt, ihre eigenen Tiefdruckgebiete erzeugen.

Verschieden, aber eng verbunden

Das Mittelmeerbecken bildet ein gutes Beispiel für diese kontinentalen Besonderheiten. Obgleich es sich um eine gänzlich maritime Region handelt und es in derselben Breitenregion liegt wie die portugiesische Küste, sind beide Windsysteme absolut nicht vergleichbar. Die Ursachen liegen in der Natur eines Binnenmeers begründet – mit anderen Temperaturen als im Ozean –, aber auch in den imposanten Reliefs, von denen es umschlossen wird. Diese verhindern und begrenzen den Durchzug großer Luftströmungen vom Atlantik her. Die Eigenheit – und folglich die Unbeständigkeit der Winde – verstärkt sich noch, je weiter man nach Osten oder Nordosten zu den Erhebungen Mitteleuropas und Asiens kommt. Paradox daran ist, dass diese »Individualisierung« der kontinentalen Bedingungen (jedes Tal, jedes Becken hat ein etwas anderes System) mit einer sehr ausgeprägten Abhängigkeit aller dieser großen oder kleinen Systeme voneinander einhergeht.

Der **Meltemi,** der im Sommer zwischen Griechenland und der Türkei kräftig aus nördlichen Richtungen bläst, ist das perfekte Beispiel für einen regionalen Wind. Damit er aber entstehen kann, muss sich im westlichen Mittelmeer – also weit entfernt – eine antizyklonale Höhenströmung entwickeln. Außerdem muss sich weiter östlich ein Tiefdruckzentrum zwischen dem Golf von Oman und Pakistan bilden. Dieses Zentrum stellt

Weststurm an der Wilden Küste bei Quiberon. Entgegen der verbreiteten Vorstellung von den bretonischen Wetterverhältnissen treten solche Ereignisse relativ selten auf.

Der Begriff Blizzard stammt zwar aus den nordischen Ländern, trifft aber auch – sogar in verschärfter Form – auf die Bedingungen in der Antarktis zu! Der Wind weht nicht nur ständig, sondern erreicht gerne rekordverdächtige Geschwindigkeiten.

sich gleichzeitig als ursächlich für den **Monsun** aus Richtung Südwest heraus, der wiederum weitere Kettenreaktionen jenseits der indochinesischen Halbinsel hervorruft, und so weiter.
Das Bild vom Flügelschlag eines Schmetterlings, der einige Tausend Kilometer entfernt eine Naturkatastrophe auslöst, wird an diesem Beispiel verständlich. Dabei darf man aber das Wesentliche nicht übersehen: So subtil und zufallsbedingt diese Interferenzen auch sein mögen, zeichnen sich doch auch wichtige Konstanten ab. Selbst wenn die Veränderung einer Meeresströmung das schöne System punktuell durcheinanderbringt, so findet man im Durchschnitt immer dieselben Winde an denselben Orten unseres Planeten. Hier sorgen sie für das in der Landwirtschaft benötigte Wasser, dort trocknen sie Landstriche aus oder verursachen sogar riesige Wüsten wie die Sahara oder die Kalahari. Diese sind weniger wegen eines Feuchtigkeitsmangels der ankommenden Luft zu ihrem tristen Dasein verurteilt als aufgrund der Tatsache, dass sie sich am Rand der Hadley-Zellen befinden, wo die ständige Abwärtsbewegung der abgekühlten Luft jegliche Wolkenbildung verhindert.

Ein Übermaß an Niederschlag kann Erdrutsche verursachen und das Leben der Menschen erschweren, doch das Gegenteil ist ebenso schrecklich, wenn eine trockene Brise ein ganzes Land ausdörrt.

In Australien (oben) wie auf dem amerikanischen Kontinent (Mitte) ist diese Art von Unannehmlichkeiten häufig eine Folge von El Niño.

El Niños böse Streiche

Dieses eigenartige, inzwischen gut analysierte Phänomen, über das in den Medien oft ausführlich berichtet wird, bleibt noch immer schwer vorhersehbar, bringt hin und wieder das klimatische Gleichgewicht im Südpazifik durcheinander und schafft es auf diese Weise, einen Teil des globalen Klimas zu stören.

Als El Niño, spanisch für Christkind, bezeichneten peruanische Fischer ursprünglich eine Warmluftströmung, die sich punktuell um Weihnachten zeigte und dazu führte, dass ihnen weniger Fische ins Netz gingen. Heute verwenden Meteorologen den Begriff für Perioden, in denen diese Umkehrung der Meeresströmung zwischen Lateinamerika und Ozeanien über mehrere Monate hinweg ungewöhnlich stark ausgeprägt ist.

Normalerweise treiben die stabilen **Passatwinde** aus Ost bis Südost das Oberflächenwasser Richtung Westen, woraus sich eine Häufung von Warmwasser vor der Küste Ozeaniens ergibt. Das Warmwasser löst nun ein Auftriebsphänomen (Upwelling) aus. In der Tiefe bildet sich also eine Unterwasserströmung, die kaltes Wasser nach Osten drängt, das vor der peruanischen und chilenischen Küste an die Oberfläche steigt.

Ein bevorstehender starker El Niño kündigt sich paradoxerweise häufig durch eine punktuelle Verstärkung der **Passatwinde** an, bevor diese nachlassen, da ihnen im Westen des Pazifiks ansteigender Druck begegnet. Wissenschaftler bezeichnen dies als *Southern Oscillation*; mit anderen Worten sind dies simultan erfolgende, gegensätzliche Luftdruckveränderungen auf beiden Seiten des Pazifiks. Ab dann geht nichts mehr: Die Westwinde stabilisieren sich, und das warme Oberflächenwasser fließt zum amerikanischen Kontinent zurück. Mit dem Wind wandern Wolken und Feuchtigkeit Richtung Osten, verursachen in Australien und Indonesien eine katastrophale Dürre, während es in der südamerikanischen Küstenregion zu ungewöhnlich heftigen Regenfällen kommt. Zu allem Überfluss kann sich auch noch eine außergewöhnlich hohe Wirbelsturmaktivität in der Nähe Polynesiens entwickeln. Die Auswirkungen auf Fauna, Flora, Fisch- und Landwirtschaft sind beträchtlich.

In den letzten fünfzig Jahren wurden etwa zehn El-Niño-Episoden verzeichnet, die stärkste in der Saison 1982/1983. Moderne Satellitensysteme messen die Temperaturen im Ozeanbereich und ermöglichen eine differenzierte Sicht dieses Phänomens, das als Beispiel dienen kann, welche Effekte die wechselseitigen Reaktionen von Ozean und Atmosphäre haben können.

Normalzustand

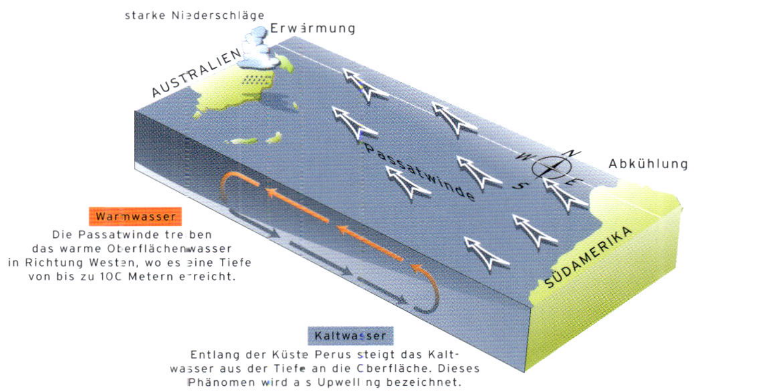

Entstehung und Auswirkungen von El Niño

Aus noch ungeklärten Gründen kehren sich Wind- und Strömungsphänomene um.

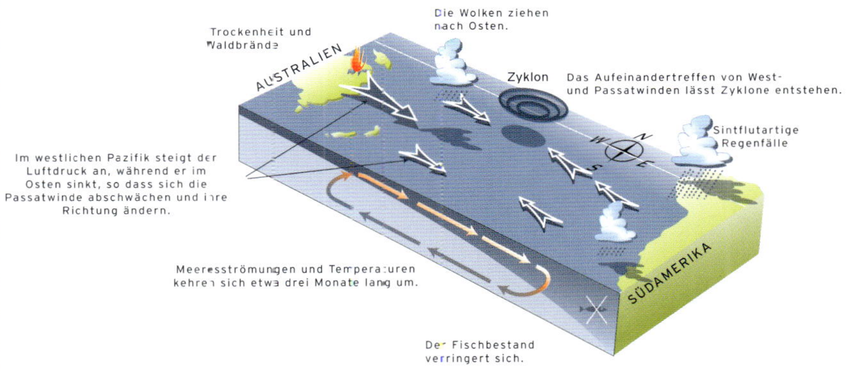

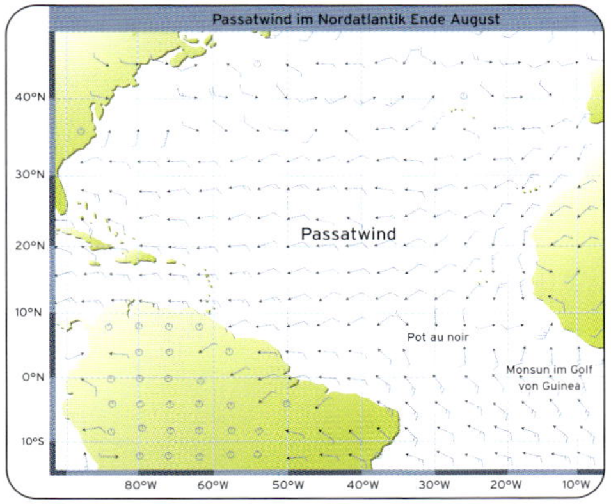

Passatwinde

Motor der Entdeckungen

Region: Tropische Zonen im Atlantik, im Pazifik und im Indischen Ozean

Jahreszeit: Können ganzjährig wehen, sind während des Winters auf jeder Halbkugel ausgeprägter, gegen Ende des Sommers und im Herbst zufallsbedingt

Stärke: Vom Winter bis zum Frühling 4–6, im Sommer 3–4

Die Engländer bezeichnen die Passatwinde als **trade-winds** (Handelswinde). Der Name spiegelt die wichtige Rolle dieser regelmäßig auftretenden Luftströmung wider, die einen Großteil des Jahres über im Atlantik, Pazifik und Indischen Ozean auftritt. Die großen maritimen Erkundungen seit dem 15. Jahrhundert wurden insbesondere durch die Passatwinde möglich. Heute beglückt der Passat die Sportsegler, die auf der »Passatrunde« die Welt umsegeln (also via Panama und Polynesien), denn er sorgt auf einem Großteil der Route für günstige Windverhältnisse.

Passatwinde stammen aus den nahezu durchweg vorhandenen beständigen Hochdruckgebieten nördlich vom Wendekreis des Krebses und südlich vom Wendekreis des Steinbocks. Der hohe Luftdruck entspricht dem Absteigen der Kaltluft in der Hadley-Zelle. Mit saisonalen Varianten weht der Passat auf der Nordhalbkugel aus Nordost und auf der Südhalbkugel aus Südost. Im jeweiligen Winter der Zonen wehen die Winde meist anhaltend, schwächen sich mit nahendem Sommer ab und machen in der feuchtwarmen Atmosphäre Platz für wechselhaftere Winde.

Passatwinde können aus sehr unterschiedlichen Richtungen wehen, in der Mitte des Nordatlantiks beispielsweise aus Nordosten, in der Nähe der Antillen aus Ost und bei nachlassender Intensität sogar auf Südost drehend. Im Januar oder Februar erreichen sie über dem Karibikbogen oft mehr als 20 Knoten (mit regelmäßigen Böen von 30 bis 35 Knoten oder sogar noch mehr). So wird die Navigation zwischen den Inseln zu harter Arbeit.

Selbst in den stabilsten Zeiten sind gelegentliche Ausfälle bei den Passatwinden zu beobachten. Sie werden durch die punktuelle Abschwächung des Hochdruckgebietes verursacht, beim Nordatlantik ist es das Azorenhoch. So können Tiefdruckgebiete eindringen.

In der Dominikanischen Republik und auf den übrigen Antillen haben sich die regelmäßigen Passatwinde zu einem touristischen Trumpf entwickelt, nachdem sie in früheren Zeiten entscheidend zu den europäischen Forschungsreisen in die »Neue Welt« beigetragen hatten.

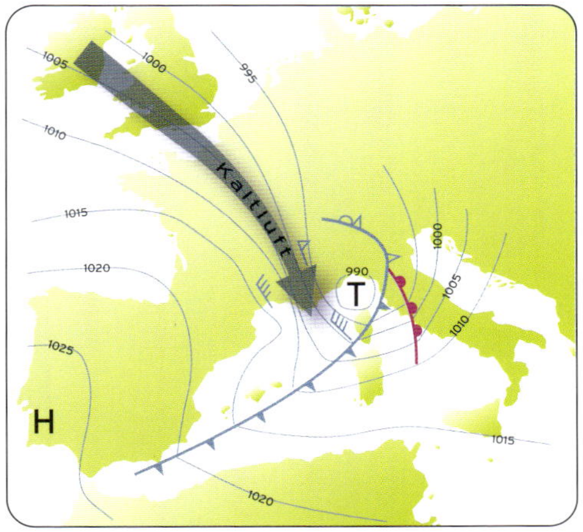

Mistral

Vertrauter Tyrann

Region: Rhône-Tal und westliches Mittelmeer
Jahreszeit: Ganzjährig
Stärke: 6–10

Der Mistral – sehr passend nach dem lateinischen *magister* »der Meister« benannt – ist ein Wahrzeichen des südöstlichen Frankreichs; er kann an über 60 Tagen im Jahr Sturmstärke erreichen. Bei der meteorologischen Konstellation, die für ihn ausschlaggebend ist, handelt es sich meist um ein Auftreten von Polarluft aus Nord oder Nordwest als Folge der Lage eines Hochs bei Spanien. Der Luftstrom wird kanalisiert, beschleunigt im Rhônekorridor und erreicht das Rhônedelta mit voller Kraft. Gleichzeitig verstärkt ihn das Vorrücken eines Tiefdruckgebiets im Golf von Genua weiter. In diesem Fall handelt es sich um einen flächendeckenden **Mistral**, der bis Korsika oder sogar Sardinien spürbar ist. Dabei kann er das Mittelmeer gefährlich aufwühlen, die Wellen sind dann sehr kurz und hohl.

Der **lokale Mistral**, der sich nur auf eine begrenzte Zone auswirkt, ist ebenso häufig zu beobachten. Er entsteht durch einen einfachen Luftdruckunterschied zwischen Mittel- und Südfrankreich. Er kann dann im Rhônekorridor und im Departement Bouches-du-Rhône ebenso heftig blasen wie der »Große«, flaut aber rasch ab, je weiter er sich von der Küste entfernt. Stehen einem keine Luftdruckangaben zur Verfügung, ist das sicherste Indiz für das baldige Auftreten des Mistrals das Vorhandensein von *Altocumulus lenticularis* in der Höhe. Im Gegensatz zum **schwarzen Mistral** wird der übliche Mistral im Süden als **weißer Mistral** bezeichnet und von einem blauen Himmel begleitet. Bläst er mehrere Tage anhaltend, folgt eine stabile Schönwetterperiode. Ist er hingegen nur von kurzer Dauer, ist mit dem Auftreten einer Schlechtwetterphase zu rechnen. Die südländische Überlieferung, wonach der **Mistral** immer für drei, sechs oder neun Tage bläst, ist leider reine Fantasie!

In diesem Lieblingstal von Cézanne und Van Gogh kommt die Pflanzenwelt kaum je zur Ruhe, sie wird ganzjährig von einem oft stürmischen Wind gepeitscht.

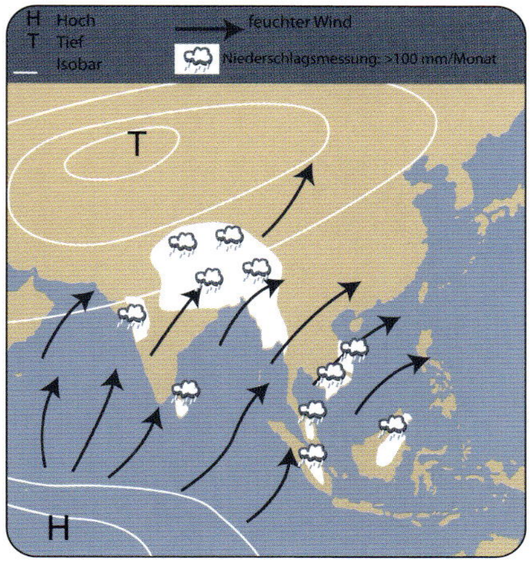

Monsun

Atem eines Kontinents

Region: Arabisches Meer, indischer Subkontinent, Südostasien, afrikanische Anrainerstaaten des Golfs von Guinea
Jahreszeit: Winter und Sommer in Asien, Sommer in Afrika
Stärke: Im Winter 3–5, im Sommer 5–7

Portugiesische Seefahrer waren im 15. Jahrhundert die ersten Europäer, die in der oben genannten Region Seehandel betrieben. Sie nannten das meteorologische System *monçao*. Etymologisch geht der Begriff wohl auf das arabische *mausim* oder *mousim* zurück, was »Jahreszeit« bedeutet.
Der gesamte Norden des Indischen Ozeans ist vom Monsun betroffen, einschließlich des Landesinneren der Anrainerstaaten und eines Großteils der Arabischen Halbinsel und Südostasiens. Seine Auswirkungen sind für Seefahrt, Klima und Landwirtschaft der gesamten Zone maßgeblich. Der Monsun beeinflusst auch die Nachbarregionen, er trägt dazu bei, die **Passatwinde** im Süden des Indischen Ozeans im Sommer zu verstärken und im Herbst abzuschwächen. Die Ursache liegt im großen Temperaturunterschied zwischen den kontinentalen und ozeanischen Bereichen. Im Sommer entsteht durch die Hitze des südlichen asiatischen Kontinents ein großes Tiefdruckgebiet: eine Art starke warme Brise, die vom Ozean Richtung Festland bläst. Das System kehrt sich im Winter um in ein großes eurasisches Hochdruckgebiet, dessen kalte und trockene Kontinentalluft vom Ozean angesaugt wird. Von Dezember bis März herrscht der **Nordost-Monsun**, er weht bei klarem Himmel über Arabischem Meer und Golf von Bengalen. Über Indonesien und dem nördlichen Australien sind Winde aus Nordwest bis West mit Regen zu beobachten. Von Juni bis September schickt der **Monsun aus Südwest** dem gesamten indischen Subkontinent, dem Golf von Bengalen und Südostasien bis ins Chinesische Meer Regen. Dieser Wind kann sich zwischen 30 und 40 Knoten einpendeln und bis zu drei Wochen anhalten. Dazwischen liegen zwei Übergangsperioden: Im Frühjahr ist der Monsun wechselhaft, im Herbst schwächt sich der Wind ab und dreht auf Nordost.

Die Auswirkungen des Sommermonsuns (Zeichnung oben) werden bis Südostasien spürbar. Er bläst aus südwestlichen Richtungen und bringt den für den Ackerbau unverzichtbaren Regen mit – häufig auch im Übermaß, wie hier in Kambodscha.

PERSHING SQ

< Kalifornien, Januar 2005. Überflutung nach anhaltenden, sintflutartigen Regenfällen.

New York, Januar 1935. Dieser Schneesturm ging in die Geschichte ein.

Ein eisiger Luftstrom sorgt im Hohen Norden für schwierige Lebensbedingungen.

Blizzard

Region: Nordamerika und Nordasien

Jahreszeit: Winter und Frühling

Stärke: 6–9

Im Norden Russlands nennt man ihn **Buran, Burga** oder **Purga.** In den texanischen Bergen nennt man ihn **Blue Norther.** Die geläufigere Bezeichnung **Blizzard** gilt hauptsächlich in Kanada und im Norden der USA. Alle Namen aber bezeichnen dieselbe feindliche Wirklichkeit: einen heftigen, eisigen Schneesturm zwischen 30 und 45 Knoten, bei dem die Sichtweite praktisch auf null sinkt.
Der Begriff aus dem hohen Norden ist ein Allgemeinbegriff geworden, er bezeichnet keine spezifische meteorologische Konfiguration und wird inzwischen in allen kalten Gegenden unseres Globus für Schneestürme verwendet. Der Wind kann das Ergebnis des üblichen Spiels von Hoch- und Tiefdruckgebieten sein oder durch Luftmassen entstehen, die rasch von den Bergen absinken.

Die Küste von Montenegro präsentiert sich im Sommer friedlich, im Winter kann sie ein anderes Gesicht zeigen.

Bora

Region: Adria

Jahreszeit: Winter

Stärke: 6–9

Die Bora ist die adriatische Version des antiken griechischen Nordwinds **Boreas.** Dieser Wind, der im Winter das Absinken kontinentaler Polarluftmassen nutzt, um seinen eisigen und stürmischen Atem entlang der Balkanhalbinsel wehen zu lassen, kann als »Bruder« des **Grégal** und des **Tramontane** gelten. Er bricht ohne Vorwarnung herein, kann ein bis zwei Wochen anhalten und erweist sich durch die Gebirgsnähe als besonders unangenehm; diese lässt ihn mit heftigen Böen unberechenbar und veränderlich werden. Die **Bora** tritt mit zwei unterschiedlichen Ausprägungen auf: als **chiara** (weiße Bora) bei klarem Himmel und **scura** (schwarze Bora), wenn sie von Regen oder Schnee begleitet wird. Die **Bora** darf nicht mit dem **Borina** verwechselt werden, einem mäßigen Nordwind, der in dieser Zone bei schönem Wetter weht.

Die geneigten Bäume Nevadas zeugen von anhaltend starkem Wind.

Chinook

Region: Nordwesten der USA

Jahreszeit: Ganzjährig

Stärke: 4–6

Der Name dieses typischen Windes aus dem Westen Amerikas stammt von dem indianischen Wort für »Schneefresser«. Darin spiegelt sich seine wichtigste Fähigkeit wider: Die kräftige, warme und sehr trockene Luftströmung kann in den Wintermonaten das Thermometer rasch klettern lassen und löst damit eine schnelle Schneeschmelze aus. Sie bildet sich unter dem Einfluss von **Föhn** über der Gebirgskette der Rocky Mountains. Die feuchte Luft vom Pazifik trocknet über den Bergen aus, gewinnt auf der anderen Bergseite an Tempo und erwärmt sich sehr rasch. Der **Chinook** weht je nach Bodenrelief aus West oder Süd; besonders stetig weht er im Staat Montana. Im Sommer ist er wegen seiner Hitze nicht sehr beliebt, im Winter schätzt man hingegen auf der Leeseite der Rocky Mountains seinen positiven Einfluss auf die Vegetation.

Föhnphänomene treten weltweit im Hochgebirge auf.

Föhn

Region: Gebirgszonen

Jahreszeit: Ganzjährig

Stärke: 4–9

Beim **Föhn** handelt es sich genau genommen nicht um einen speziellen Wind, sondern eher um einen Mechanismus, den man unter verschiedenen Bezeichnungen auf allen Kontinenten antrifft, sobald ein feuchter Wind und ein Relief zusammentreffen, das ihm ein ausreichend großes Hindernis bietet. Die Luft steigt, um den Gipfel zu überqueren, und kühlt dabei ab (durchschnittlich um ein halbes Grad pro 100 Meter). Der in der Luft enthaltene Wasserdampf kondensiert und erzeugt dadurch auf der Luvseite des Gebirges viele Wolken - verbunden mit Regen oder Schnee. Auf der anderen Seite findet man demnach Luft, die trocken ist und sich daher auf ihrem Weg nach unten sehr viel schneller erwärmt (in der Größenordnung von 1 °C pro 100 gesunkene Höhenmeter). Im Tal bildet sich folglich ein warmer, trockener Wind, der für große Temperaturunterschiede zwischen den Bergseiten sorgt - oft mehr als 10 °C.

Die Küsten Maltas bekommen den Grégal besonders heftig zu spüren.

Grégal

Region: Westliches und mittleres Mittelmeer

Jahreszeit: Winter

Stärke: 7–10

Auf Lateinisch wörtlich »der aus Griechen and kommt«. Eine logische Bezeichnung für diesen Wind, den die Malteken (der **Grégal** ist im Bereich zwischen dem Tyrrhenischen und dem Ionischen Meer besonders aktiv) als ein unliebsames »Geschenk« ihrer griechischen Nachbarn betrachteten. Es handelt sich um einen kalten Nordostwind, der im Winter stark aufleben und eine breite Zone bis zu den Balearen, ja sogar bis zur spanischen Küste betreffen kann. Meist sind Tiefdruckgebiete, die sich über Tunesien oder Libyen bilden und nach Nordosten verlagern, der Grund für das Auftreten des **Grégal.**

Sandführender Wind verschleiert den Himmel über der Küste Mauretaniens.

Harmattan

Region: Nordwestafrika

Jahreszeit: Winter

Stärke: 4–6

Der **Harmattan** entspricht als Landwind ungefähr dem **Passatwind** im Nordatlantik. Er weht aus Nordost bis Ost, meist im Winter und bringt trockene Luft aus den Wüstenzonen im Norden des afrikanischen Kontinents zu den Ländern, die den Ozean säumen, von Mauretanien bis zum Golf von Guinea. Da er mit Staub beladen ist, kann er die Sonne verdecken und die Sicht deutlich verschlechtern. Dieser Effekt zeigt sich manchmal auf dem offenen Meer, und er kann bis zu den Kapverdischen Inseln reichen. Mancherorts nennt man ihn wegen seiner angeblich günstigen Effekte **Doktor**, doch der Schein trügt. Er macht zwar die Hitze erträglicher, es verdichten sich aber die Hinweise, dass die Meningitis-Epidemien, die in der Region beobachtet werden, mit der Intensität des Windes zusammenhängen, denn die Aufnahme von Staub schwächt den Organismus.

Schwacher Wind vor der Insel Stromboli.

Levante

Region: Westliches Mittelmeer

Jahreszeit: Ganzjährig

Stärke: 5–9

Wie sein Name schon sagt, weht der **Levante** aus Osten im westlichen Mittelmeerraum. Bei den Katalanen wird daraus **Llevante** oder sogar **Llevantades,** wenn er mehrere Tage hindurch kräftig bläst. Häufig wird der **Levante** mit sommerlichen thermischen Brisen verwechselt, die vor den spanischen Küsten aus derselben Richtung wehen. Der »echte« **Levante** entsteht im Sommer aus der Verbindung eines Tiefdruckgebiets über Nordafrika und dem Azorenhoch. Er kann insbesondere im Bereich der Balearen und der Meerenge von Gibraltar Sturmstärke erreichen, kühlt die Atmosphäre kräftig ab, bringt aber meist keine Niederschläge mit sich. Im Winter kann er sich sowohl an der provenzalischen Küste als auch auf der Iberischen Halbinsel zu regelrechten Stürmen entwickeln.

Cap Pertusato bekommt die volle Kraft des Libeccio zu spüren.

Libeccio

Region: Westliches Mittelmeer

Jahreszeit: Ganzjährig

Stärke: 6–10

Dieser Wind ist für Korsika bezeichnend; er begleitet atlantische Tiefdruckgebiete, die über den Mittelmeerraum ziehen. Der Name stammt vom arabischen **labay,** dieses wiederum vom griechischen **lips** (oder **libos**), die beide »Südwestwind« bedeuten. Dieser eher laue und feuchte Wind ist im Herbst und Frühling besonders aktiv, kann aber ganzjährig und teils heftig auftreten. Bei den Katalanen heißt er **Garbi,** an der französischen Küste spricht man eher vom **Garbin.**

Dieser kräftige Sommerwind macht Windsurfer glücklich.

Meltemi

Region: Ägäisches Meer

Jahreszeit: Juni bis September

Stärke: 6–8

Der **Meltemi** heißt auch **Etesien** (*etesioi* auf Griechisch). Der Begriff kommt von *etos* »Jahr« und bezieht sich auf seine alljährliche Wiederkehr. **Meltem** bedeutet auf Türkisch »schlechter Charakter«. Während er mit seiner außerordentlichen Energie das Glück der Windsurfer bedeutet, schadet er der Landwirtschaft und erschwert Verbindungen auf dem Seeweg in Süd-Nord-Richtung. Er bildet sich mit nahendem Sommer, wenn sich das Azorenhoch über dem Mittelmeer verlagert und im Mittleren Osten ein Tiefdruckgebiet entsteht. Die Luftströmung stürzt sich in diesen Engpass und bildet einen Kreisbogen: Auf Höhe des Bosporus weht sie eher aus Nordost, dreht in der Mitte des Ägäischen Meeres auf Nord und zwischen den Dodekanes-Inseln und der türkischen Küste auf Nordwest. Im Mai tritt der **Meltemi** eher phasenweise auf, im Juni regelmäßiger; seinen Höhepunkt erreicht er im Juli und August.

Hagelführende Wolken über der argentinischen Pampa.

Pampero

Region: Mitte Südamerikas

Jahreszeit: Juni bis Oktober

Stärke: 6–9

Der heftige **Pampero**, von dem hauptsächlich die Pampas im zentralen Argentinien und Uruguay betroffen sind, verbündet sich meist mit einem anderen Wind, dem **Zonda**. Dieser weht aus nördlicher Richtung und bringt feuchte Warmluft aus den Tropen mit. Ihm folgt rasch die Entwicklung eines Tiefdruckgebiets, dessen Kaltfront stürmische Winde aus West bis Südwest erzeugt. Dies ist der eigentliche **Pampero**, ein Sturm, der normalerweise zwei Tage anhält und von heftigen, oft gewittrigen Niederschlägen begleitet wird. Er tritt mit Vorliebe zwischen Juni und Oktober auf, also während des Winters der Südhalbkugel. Passend zur Südhalbkugel bringt diese Südweströmung keine Milde, sondern im Gegenteil eisige Luft mit sich. Auf dem Meer sind die Böen des **Pamperos** besonders auf der Atlantikseite gefürchtet, insbesondere an der Mündung des Rio de la Plata.

Dieser Westwind ist bei Cádiz regelmäßig aktiv.

Ponente

Region: Überwiegend im westlichen Mittelmeer

Jahreszeit: Herbst bis Frühling

Stärke: 5-9

Der **Ponente** verweist nach Westen, dorthin, wo die Sonne untergeht (vom lateinischen *ponens*). Im Mittelmeerraum bezeichnet der Begriff daher den Westwind. Er verbindet sich gelegentlich mit anderen Winden. Bläst er beispielsweise entlang der algerischen Küste, wird auf Korsika häufig der **Libeccio** beobachtet. Zur Entstehung des **Ponente** trägt der Temperaturunterschied zwischen dem im Winter relativ warmen Mittelmeer und den kälteren Oberflächen auf der Iberischen Halbinsel bei. Dieser ruft eine Weströmung vom Festland Richtung Meer hervor, die bei Gibraltar durch die Reliefs von Spanien und dem Maghreb eine Düsenwirkung erhält. Der **Ponente** entsteht aber auch durch den Durchzug der im Winter sehr tiefen atlantischen Tiefdruckgebiete, die diese allgemeine Weströmung unterstützen. Im östlichen Mittelmeer spricht man auch bei einer mäßigen Westbrise von **Ponente.**

Die ständige Sorge der Kalifornier bei Wind: Feuer.

Santa-Ana-Winde

Region: Kalifornien

Jahreszeit: Winter und Frühling

Stärke: 4–7

Dieser kräftige warme Wind aus nördlicher Richtung, der die Gipfel der Sierra Nevada herabbraust und sich durch das Tal von Santa Ana zwischen Los Angeles und San Diego bewegt, ist in der Region gefürchtet. Er vernichtet die Obstplantagen – eine der wichtigsten örtlichen landwirtschaftlichen Ressourcen – und fördert auf den trockenen Böden Waldbrände. Zwischen Oktober und Mai ist er besonders häufig und nimmt nachts an Stärke zu. Tagsüber stört die Brise, die vom Meer her weht, seine Entwicklung. Etwas weiter nördlich, auf Höhe von Santa Barbara, heißt ein ähnliches Phänomen **Sundowner** (weil es vor allem gegen Abend auftritt). In der Umgebung von San Francisco findet man einen Wind gleichen Ursprungs mit recht ähnlichen Merkmalen: den **Diablo.** Alle diese Winde erreichen eindrucksvolle Geschwindigkeiten, die teils über 50 Knoten betragen.

Dank der regelmäßig wehenden Passatwinde können die Fischer von Ceará (Brasilien) ihrem Beruf auf den traditionellen Segelflößen nachgehen, den Jangadas.

In wenigen Minuten wird es auf diesem sudanesischen Markt dunkel sein wie in der Nacht, denn es droht ein *dchaoui*, die lokale Variante des Haboob, ein kurz anhaltender Sandsturm.

Solche Böen können die Landschaften ordentlich durcheinanderbringen.

Samum

Region: Nordafrika

Jahreszeit: Frühling und Sommer

Stärke: 6–8

Der **Samum** wird häufig mit dem **Schirokko** verwechselt, funktioniert aber nach einem anderen Prinzip. Er betrifft nur die Wüsten der Sahara und Arabiens, ohne auf das Mittelmeer überzugreifen. Im Gegensatz zu anderen Wüstenwinden hält dieser lokale Sandsturm nie länger an. Er entsteht durch ein thermisches Ungleichgewicht, weht selten länger als 20 Minuten und tritt eher im Frühling und Sommer auf. Er dürfte einer der kurzlebigsten Winde unseres Planeten sein! Das Phänomen ist auch als **Samiel** bekannt und kann mit seinen Böen aus unterschiedlichen Richtungen rasch große Sandmengen umschichten. Sein Name stammt vom arabischen Wort *samma* (»Gift«), ein Hinweis auf die Unannehmlichkeiten, die er den Nomadenvölkern beschert. Man findet auch die Schreibweise **Samun.**

Dieser Wind trägt Sand aus Afrika gen Norden.

Schirokko

Region: Nordafrika

Jahreszeit: Ganzjährig

Stärke: 5–7

Der **Schirokko** verbirgt sich gerne hinter vielen Bezeichnungen: So nennt er sich in Marokko und Algerien **Chergui,** in Tunesien **Chili,** in Libyen **Ghibli,** in Ägypten **Khamsin**, ganz zu schweigen von den Varianten der einzelnen Namen und der Tatsache, dass sich diese Winde immer weiter verbreiten. Dabei handelt es sich in allen Fällen um dasselbe System. Dieser Wind ist beständig, warm, trocken und sandführend. Er weht aus südlichen Richtungen, wenn ein Tiefdruckgebiet in das östliche Mittelmeerbecken vorrückt. Beim Überqueren des Mittelmeers nimmt er Feuchtigkeit auf und sorgt damit an den europäischen Küsten für ein warmes, feuchtes und staubiges Klima. Die sandführende Luftströmung kann sogar bis Nordeuropa vordringen. Das System ist auch bis in den Mittleren Osten aktiv: In Jordanien spricht man vom **Sharkia,** in Israel vom **Sharav** (das bedeutet »Hitzewelle« auf Hebräisch).

In der Camargue vermischt sich der Tramontane häufig mit dem Mistral.

Tramontane

Region: Languedoc-Roussillon, Golf von Lion

Jahreszeit: Ganzjährig

Stärke: 6–10

Dieser starke Nordwestwind, der in jeder Jahreszeit auftritt (im Winter allerdings oft heftiger als im Frühling), bildet im Languedoc in etwa das Pendant zum provenzalischen **Mistral;** über die jeweiligen Merkmale streiten Einheimische wie Fachleute. Die Ursachen sind für beide Phänomene ähnlich: Eine Luftströmung aus Nord bis Nordwest bringt Polarluft nach Südfrankreich. Im Fall des **Tramontane** gewinnt diese Strömung an Tempo, sobald sie zwischen dem Zentralmassiv und den Pyrenäen in den Lauragais-Kanal abgeleitet wird und bevor sie aus Nordwest oder Westnordwest an der Küste ankommt. Dabei kann die Windrichtung an der katalanischen Küste auf Nord drehen. Der **Tramontane** kann gleichzeitig mit dem **Mistral** auftreten. Beide Luftströmungen treffen im Golf von Lion zusammen und verstärken sich oft gegenseitig.

Der Autan kann auch im östlichen Rhônetal wüten.

Autan

Region: Languedoc-Roussillon und Provence

Jahreszeit: Ganzjährig

Stärke: 5–7

Beim **Autan** handelt es sich um einen Südostwind, der im Languedoc so genannt wird, weil er von der hohen See (vom lateinischen *altanus,* hoch) weht. Man kann ihn nur schwer vom **Marin** unterscheiden. Der Unterschied ist eher eine regionale Sprachgewohnheit: Auf dem Land im Lauragais wird häufig vom **Autan** gesprochen, während die Küstenbevölkerung denselben Wind als **Marin** bezeichnet. Man unterscheidet zwischen dem **Weißen Autan** und dem **Schwarzen Autan.** Der Erste weht von Frühling bis Herbst. Dann beginnen sich die Böden in der Region Midi-Pyrénées zu erwärmen. Dies kann sich auf die Luftströmung auswirken. Der **Weiße Autan** kann Niederschläge mit sich bringen. Der **Schwarze Autan** ist mäßiger und betrifft eher die Umgebung der Pyrenäen, der er reichlich Wasser liefert. Die freundlichere Ausgabe dieser beiden Phänomene, der **Autanel,** ist ein leichter Wind, der vor allem im Sommer weht.

Die Azoren liegen am Südrand der Westwindzone.

Westwinde

Region: Westeuropa

Jahreszeit: Ganzjährig

Stärke: 5–9

Westwinde prägen mit vielen Varianten (es können auch Nordwest- oder Südweströmungen sein) an der Atlantikseite Europas die vorherrschenden Bedingungen. Dies gilt besonders zwischen Herbst und Frühling, wenn die Tiefdruckgebiete in niedrigen Breitengraden durchziehen. Im Sommer gewinnt das Azorenhoch an Kraft und verlagert sich wie die Tiefdruckgebiete der gemäßigten Zonen nach Norden. Dies führt dazu, dass die starken Westwinde - von Ausnahmen abgesehen - vor allem den Norden der Britischen Inseln betreffen. Ein recht ähnliches System findet man auf der Südhalbkugel im Nordpazifik. Am beständigsten aber wehen hier die Westwinde unterhalb des 40. Breitengrades. In den hohen Breitengraden, in denen die berühmten »Roaring Forties« auftreten, können die Tiefdruckgebiete und ihre kräftigen Winde praktisch die Erde umrunden, ohne auf Hindernisse zu treffen. Dabei sorgen sie für eine sehr eindrucksvolle Dünung.

In Feuerland hält nicht alleine Kap Hoorn das Sturmmonopol!

Williwaw

Region: Äußerster Süden Chiles und Argentiniens, Alaska

Jahreszeit: Ganzjährig

Stärke: 7–10

Für jeden, der sich im Freien betätigen möchte, ob auf festem Boden oder auf einem Schiff, ist der Williwaw eine Art patagonischer Albtraum. Der katabatische Wind entsteht aus der Ansammlung von Kaltluft auf den benachbarten Bergen, die durch die Schwerkraft sinkt. Das hat nichts mit dem warmen Föhneffekt gemein: Hier pfeifen heftige Böen (häufig über 60 Knoten) von den Bergen, sie sind zudem eiskalt, martern die bescheidene Vegetation und bedecken die Magellanstraße mit weißen Schaumkronen. Außerhalb von Feuerland spricht man auch auf den Aleuten und in Alaska vom **Williwaw.** In Alaska heißt er auch **Matanuska,** womit ein ähnlicher Windtyp gemeint ist, der hier beständig aus Nordost weht.
Das auch als **Knik** bekannte Phänomen findet man in den Ecken der Welt, in denen es sehr kalt ist und die Küste nah am Gebirge liegt.

Neufundland. Die Landschaft macht deutlich, dass schönes Wetter hier nur ein seltenes Intermezzo zwischen zwei Windböen ist.

Hongkong. Abgesehen von der unvermeidlichen frischen Brise, die die Wolkenkratzer umweht, wird der Alltag der Bewohner normalerweise von leichten bis mäßigen Winden geprägt. ›

2

Zur Klärung der Begriffe

Das fröhliche Kauderwelsch der regionalen Lüfte

Die unzähligen Bezeichnungen für die verschiedenen Spielarten des Windes finden sich weltweit in alltäglichen Gesprächen. Sie sind längst nicht so eindeutig, wie mancher glauben mag. So kann die Brise einen leichten Mittagswind an der Küste bezeichnen, die Steife Brise dagegen einen ausgewachsenen Sturm.

Man könnte die herausragenden Winde mit eigenen Namen zu einer Art Adelsschicht zählen (siehe »Die Jahreszeiten auf unserem Planeten«, Kap. II). Unter den »niederen Schichten«, der Welt der Luftströmungen, herrscht dagegen eher eine babylonische Sprachenverwirrung. Als gäbe es hier einen gewaltigen Strudel, in dem sich Tausende von Namen ohne wirkliche Logik vermischen: Ein und derselbe Begriff bezeichnet in verschiedenen Ländern gelegentlich völlig unterschiedliche Winde, umgekehrt kann ein Wind mehrere Namen haben, je nachdem, aus welchem Ort die Menschen stammen, die sich über ihn unterhalten.

Diesem scheinbaren Durcheinander mangelt es nicht an etymologischen Begründungen: Warum sollte der Aufwind der einen wenige Kilometer weiter nicht der Fallwind der anderen sein? Unterschiedliche Dialekte und die strikte geografische Abschottung in vergangenen Jahrhunderten haben ihr Übriges getan; jedes Tal, jede Hochebene hat Winden, die oft über Kantone oder gar Regionen oder Nachbarländer hinwegwehen, einen eigenen Namen gegeben.

Ein Wind mit vielerlei Gesichtern

Das vielfältige Vokabular zeigt aber auch, wie komplex das System ist und dass eben nicht überall dieselben Strömungen auftreten. Mit anderen Worten: Selbst wenn man die vorherrschenden großen Luftströmungen kennt, reicht dies nicht unbedingt aus, um genau ableiten zu können, wie sich der Wind an einem bestimmten Ort verhalten wird.
Werden die Nordsee und das Baltikum von einem Nordweststurm aufgewühlt, muss das übrige Deutschland deshalb nicht dasselbe Schicksal erleiden. Es ist sehr gut möglich, dass man zur selben Zeit in Friedrichshafen am bezaubernden Bodensee bei einer leichten Südostbrise einen wunderschönen Tag erlebt.
Dasselbe gilt auch für Südeuropa: Kündigt der Wetterbericht einen **Mistral** an, muss deswegen nicht der gesamte Südosten Frankreichs von einem kräftigen Nordwind heimgesucht werden. In dem Moment, wo Böen mit Windstärke 9 dieses **Mistrals** dem Wasser der Rhône Schaumkronen aufsetzen, kann es ohne Weiteres sein, dass in benachbarten Tälern oder flachen ruhigen Küstenstrichen Winde aus anderen Richtungen wehen und noch etwas weiter sogar eine Brise aus genau entgegengesetzter Richtung.

Windfanatikern ist das klar, ob Segelweltmeister oder Gleitschirmspezialisten, sie kennen sich mit Luftströmungen gut aus. Teilnehmer an hochkarätigen Regatten scheuen weder Kosten noch Mühen, die Gebiete, in denen wichtige Wettkämpfe ausgetragen werden, bis ins kleinste Detail zu studieren. Dabei gehen manche so weit, Beobachter in allen vier Himmelsrichtungen zu postieren, um zu bestimmen, welche Zonen zu bevorzugen und welche eher zu meiden sind. Dies ist ein weiterer Beleg dafür, dass der Wind nicht überall gleich weht, auch wenn nur wenige Hundert Meter dazwischenliegen!
Derartige Gegensätze sind weltweit festzustellen, beispielsweise in Kalifornien, wo über einige Strände die Böen des **Sundowner** hinwegfegen, während man sich in der Nachbarbucht friedlich sonnen kann.

Die Vorteile örtlicher Beobachtungen

Will man wirklich wissen, mit welchem Wind zu rechnen ist, sollte man sich daher für den lokalen Wetterbericht und die Mechanismen der Mikrometeorologie interessieren. Fachleute bezeichnen dies als »lokale Wettereinflüsse«, denen unsere Vorfahren sehr viel mehr Aufmerksamkeit geschenkt haben als wir. Da diese noch keine Satellitenbilder und Spezialprogramme in Funk und Fernsehen zur Verfügung hatten, kannten sie keine »Hochdruckachse über Nordskandinavien« und auch keine »Warnstufe Orange im Landkreis Pinneberg«, dafür wussten sie das einzig Wichtige: Welches Wetter in ihrem Dorf, auf ihren Feldern, ihren Buchten oder Weiden in den kommenden Stunden zu erwarten sein würde! Das reichhaltige Vokabular und die alten Bauernregeln zur Wettervorhersage – auch wenn einige mit Vorsicht zu genießen sind – zeugen davon, wie lebendig diese Kunst war, die sich nur auf Beobachtung und Erfahrung stützte.
Für uns ist heute wichtig zu bedenken, dass eine zu allgemeine Vorhersage die lokale Realität meist nicht richtig wiedergeben kann. Der synoptische Wind, der sich aus der Position der Druckzentren ergibt und für ein ausgedehntes Gebiet maßgeblich ist, wird dort durch landschaftliche Besonderheiten gestört. Das sind in erster Linie Auswirkungen, die sich aus der Oberflächengestalt und Bodenbeschaffenheit ergeben, sowie punktuelle thermische Effekte. Alles Feinheiten, die man auf dem weiten Meer kaum finden wird, die an Land aber hinter jedem Hügel lauern.

Die ersten Windrosen

Der Turm der Winde in Athen ist noch immer das schönste Zeugnis für das Interesse, das frühere Zivilisationen im Mittelmeerraum der Windenergie entgegengebracht haben. Dieses Bauwerk wurde im ersten Jahrhundert vor unserer Zeitrechnung über zwölf Meter hoch aus Marmor erbaut und steht noch heute am Fuß der Akropolis. Zu Ehren seines Erbauers ist der Turm auch als Andronicus-Uhr bekannt. Auf dem achteckigen, auf jeder Seite mit Symbolfiguren geschmückten und von einer Wetterfahne gekrönten Turm konnten sich die Athener die Richtung der acht großen Winde vor Augen führen: **Boreas** (Nord), **Skiron** (Nordwest), **Zephyros** (West), **Lips** (Südwest), **Notos** (Süd), **Euros** (Südost), **Apeliotes** (Ost) und **Kaikias** (Nordost). Um die ganze Bedeutung solcher Darstellungen zu erfassen, muss man bedenken, dass man mangels eines Kompasses von dem Begriff Norden noch keine Vorstellung hatte. Dies gilt unabhängig davon, ob es sich dabei um ein monumentales Bauwerk handelt oder um die geläufigeren Windrosen, die in eine Platte graviert oder auf Pergament (Velin) gezeichnet waren. Bis ins zwölfte Jahrhundert war in Europa die Identifizierung bekannter Winde die einzige Möglichkeit, sich räumlich zu orientieren. Auf See folgte man keinem Kurs, der anhand einer magnetischen Bezugsgröße messbar gewesen wäre, sondern orientierte sich im Verhältnis zu **Boreas, Zephyros** oder **Apeliotes,** an den Winden also, deren Struktur und Merkmale man sehr genau kennen musste, um sie als Richtungsweiser nutzen zu können.
Die Windrosen wurden in der Folgezeit immer detaillierter. Schließlich wiesen sie 16, später sogar 32 Spitzen auf. Doch diese Komplexität stellte keine große Verbesserung dar, weil die Präzision der Messmethoden der damaligen Zeit nicht ausreichte.

An Orten mit ausgeprägten thermischen Kontrasten wie in den Wüsten (hier im Death Valley in den USA) können durch lokale Effekte regional starke Winde entstehen.

Die Wälder im Bundesstaat Maine im Nordosten der Vereinigten Staaten zeigen sich zu Beginn des Herbstes in ihren prächtigsten Farben, bevor die kalten Nord- bis Nordostwinde die Gegend in ihren Griff nehmen.

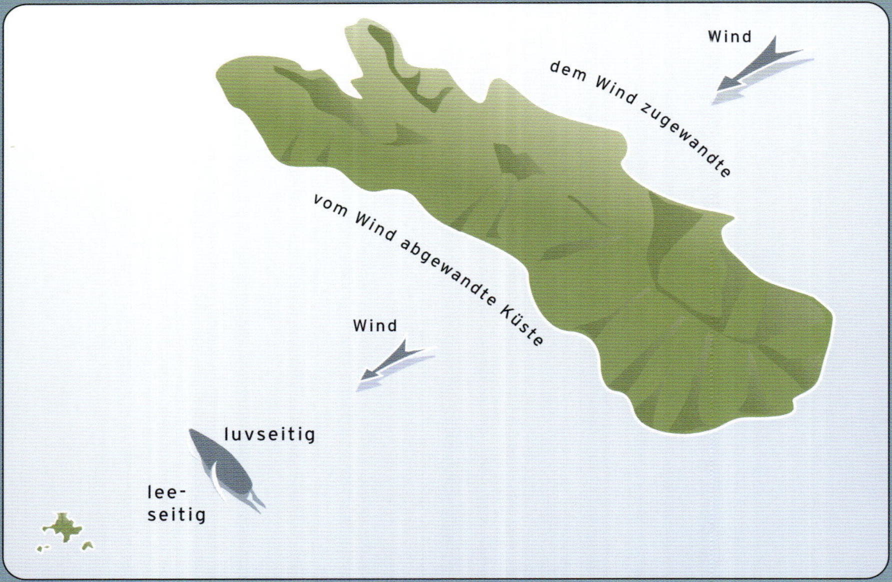

Luv oder Lee?

Geografen und Seefahrer verwenden zur Beschreibung ihres Standorts oder eines anderen Orts üblicherweise diese beiden Begriffe, die ohne die betreffende Situation nicht viel aussagen, aber zu zahlreichen Verwechslungen führen. An Bord eines Segelschiffs ist Luv die Seite, die den Wind direkt abbekommt, Lee ist dementsprechend die gegenüberliegende, also windabgewandte Seite. Kommt der Wind also von rechts – von Steuerbord – gilt die rechte Seite als Luvseite, die linke Seite als Leeseite. Dies gilt auch für Schiffe, denen man begegnet, oder für Landschaftselemente. Der Dampfer, den man nun links entdecken würde, befindet sich leeseitig, der Leuchtturm am rechten Ufer unbestritten luvseitig. Das gilt auch für eine Insel, die Küste oder einen Berg: Die Luvseite ist dem Wind zugewandt, die Leeseite abgewandt.
Kompliziert wird die Sache, weil ein und dieselbe Örtlichkeit beide Bezeichnungen tragen kann, sobald die Mobilität des Beobachters alles relativiert: Der Küstenstrich, der rechts vorbeizieht, befindet sich zweifellos (im Verhältnis zu unserem Schiff) luvseitig, von der Insel aus betrachtet oder von dem Kontinent, vor dem er sich befindet, trifft auf ihn aber ebenso korrekt das Etikett leeseitig zu.

Die Begriffe sind relativ

In diesem Schema befindet sich das Segelboot leeseitig zur großen Insel und luvseitig zum Felsen ganz links. Die Mannschaft kann also zu Recht behaupten, dass die Insel sich (im Verhältnis zu ihr) luvseitig und der Felsen leeseitig befindet.

Es fängt schon damit an, dass die Luft weniger leicht über den Boden gleitet als über das Meer. Der Reibungsunterschied zwischen beiden sorgt zum einen für eine Verlangsamung, sobald der Wind das Land erreicht, und zum anderen für eine Richtungsablenkung um 10 bis 20°, noch bevor ein Einfluss durch das jeweilige Relief spürbar wird.
Mischt sich auch der Höheneffekt noch ein, nimmt die Sache eine völlig andere Wendung. Eine Luftmasse, die auf ein Hindernis trifft, wird unweigerlich abgelenkt. Je nach ihrer Dichte und Fortbewegungsgeschwindigkeit sowie der Form und Höhe des Hindernisses wird sie seitlich vorbei- oder oben darübergeleitet und verändert dabei ihre Geschwindigkeit. Selbst kleine Hügel mit flachen Hängen reichen aus, um dicht über dem Erdboden einen deutlich anderen Wind zu ergeben, als im Wetterbericht vorhergesagt. Die spektakulärsten Effekte jedoch sind zu beobachten, wenn Steilfelsen oder ein Hochgebirge dem Wind den Weg verstellen.

Der unvermeidliche Venturi-Effekt

Die offensichtlichste Folge, wenn ein Luftstrom einen von hohen Wänden gebildeten Korridor nehmen muss, ist seine Kanalisierung. Beschreibt der Korridor eine Biegung, folgt ihm der Wind, weil er immer den einfachsten Weg wählt: Es ist für die Luftpartikel bei Weitem unkomplizierter, in der »Röhre« zu bleiben, als zu versuchen, die Erhebung zu überwinden.
In dieser Situation nimmt auch die Windgeschwindigkeit zu. Man bezeichnet dies als Venturi-Effekt, nach dem italienischen Physiker Giovanni Battista Venturi, einem berühmten Pionier in der Erforschung von Flüssigkeitszirkulation Ende des 18. Jahrhunderts. Diese Beschleunigung folgt demselben Gesetz, demzufolge ein friedlich mäanderndes Flüsschen an Tempo gewinnt, wenn es durch einen Engpass fließt, oder die Geschwindigkeit des Wasserstrahls zunimmt, wenn man den Gartenschlauch zusammendrückt. Alle diese Beispiele folgen demselben Prinzip: Verengt

Beschleunigen dank Venturi-Effekt

Winde funktionieren wie Flüsse: Sobald sie eine Engstelle passieren, beschleunigen sie, damit die Luft- oder Wassermenge trotz der Verengung des »Rohrs« konstant bleibt. Das ist der Venturi-Effekt, der erklärt, warum der Wind in einem Tal oder einer Schlucht stärker weht. Dabei ist festzustellen, dass die Windrichtung an den Enden der Engstelle unterschiedlich sein kann – beim Eintritt zusammenlaufend und beim Austritt durch die Verlangsamung auseinanderdriftend.

sich die Leitung, muss die Flüssigkeit schneller fließen, damit der Ausstoß derselbe bleibt und die Luft (oder das Wasser) im selben Rhythmus weiterfließen kann.
Den Venturi-Effekt – der häufig auch als Bernoulli-Effekt bekannt ist – findet man in allen möglichen Bereichen. Er manifestiert sich in einer engen Gebirgsschlucht ebenso wie mitten in einer großen Meerenge wie dem »Pas de Calais«. Trotz seiner Breite von über 40 Kilometern beobachtet man hier zwischen Frankreich und Großbritannien eine deutlich höhere Windgeschwindigkeit als in der Umgebung: beispielsweise Windstärke 6 in der Mitte der Meerenge und nur Windstärke 4 oder 5 am Zu- und Ausgang. Dieses Phänomen ist bei stark eingeengten Passagen wie der Straße von Bonifacio zwischen Korsika und Sardinien noch spektakulärer, wenn der Wind aus Ost oder West bläst.

Bergregionen sind mit »Windmaschinen« besonders gut ausgestattet. Eine der spektakulärsten ist und bleibt sicher der Columbia River im Staat Oregon im Nordwesten der USA. Die Schluchten, durch die sich der Fluss zwängt, beschleunigen den Wind so sehr, dass dieser herrliche Wasserlauf zu einer stark frequentierten Handelsroute wurde und nichts von einem langen ruhigen Fluss an sich hat. In den besonders kritischen Zonen sind sogar recht anständige Wellen zu beobachten!

Täler und Gipfel: Wechselstrom

Im Gebirge gibt es mindestens zwei Faktoren, die Luftströmungen fördern. Zum einen vervielfacht das Relief die Beschleunigungskorridore. Zum anderen entwickelt sich hier stärker als andernorts ein thermischer Austausch, der überall Berg- und Talwinde erzeugt. Bergwinde funktionieren rein konvektiv: Tagsüber steigt die Luft nach oben (weil sich der Talboden schneller erwärmt als die Gipfel), und nachts sinkt sie wieder (aus den umgekehrten Gründen). Talwinde entstehen durch den horizontalen Druckunterschied zwischen Taleingang und Talende. Auch diese Unterschiede entstehen durch einen thermischen Mechanismus: Die aufsteigende Luftmasse ist leichter als die absteigende, sie erwärmt sich tagsüber schneller und lässt eine kleine Tiefdruckzone entstehen, von der die abwärtssinkende Luft angesogen wird. Dieser Wind steigt also tagsüber im Tal empor und sinkt nachts, wenn sich das Phänomen umkehrt.
Sofern ein See vorhanden ist, trägt das unterschiedliche Aufnahmevermögen für Sonnenenergie, das Wasser und Land besitzen, dazu bei, diesen Austausch zu verstärken beziehungsweise zu regulieren. So kommt es, dass man Windsysteme beobachten kann, die so präzise ablaufen wie eine Uhr. Ein Beispiel dafür ist der Gardasee, wo man den Tag mit dem **Pelér** beginnt. Dieser ist auch unter dem Namen **Vento** bekannt, einem beständigen und eisigen Nordwind. Der **Vento** weht bis Mittag und wird fast unweigerlich gegen 13 Uhr von der **Ora** abgelöst. Dabei handelt es sich um einen Südwind, der im Wasser bei Riva del Garda bis zum späten Nachmittag für Bewegung sorgt!

Die Auronzohütte (Dolomiten) in der Nähe der Drei Zinnen. Starke Höhenwinde und Verwirbelungen durch das Relief der Berge können sich hier in spektakulärer Weise verbinden.

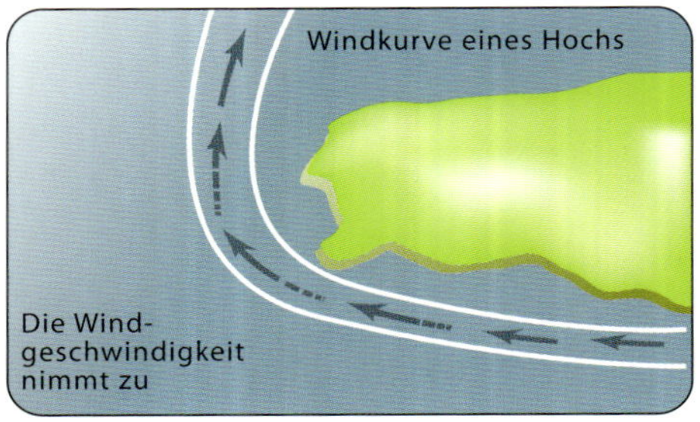

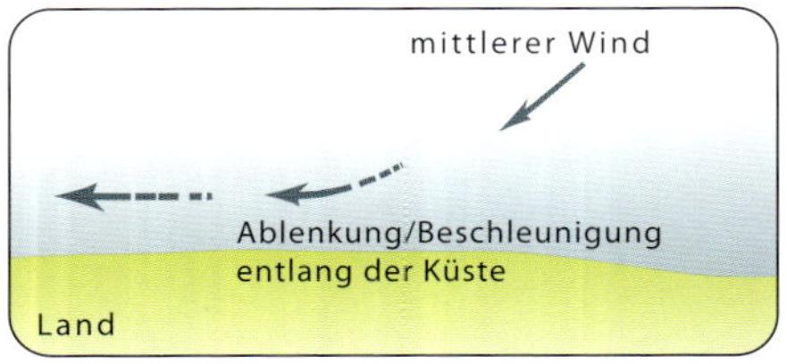

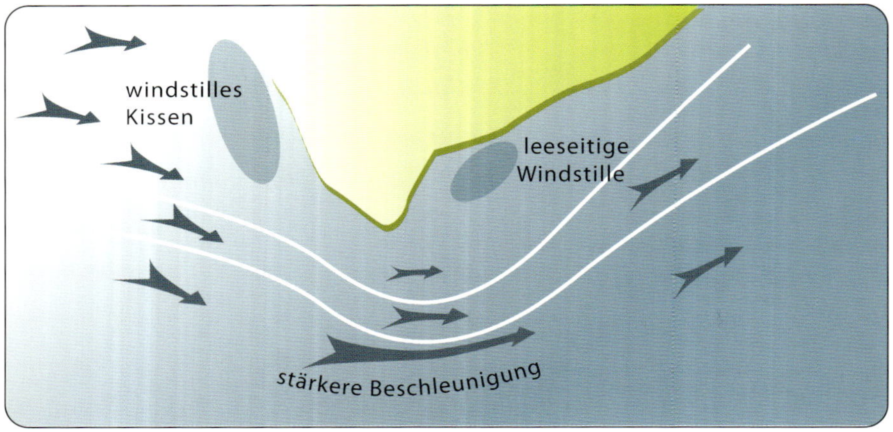

Die Einflüsse der Küste

Einige Beispiele dafür, wie der Wind sich in Küstennähe verändern kann. Zunächst ist interessant, dass die Reaktion je nach der vom Hindernis diktierten Kurve unterschiedlich ist. So lässt ein ablandiger Wind, der schräg auf den Küstenbereich trifft, nach und dreht parallel zur Küste. Weht er hingegen auflandig, dreht er ebenfalls parallel zur Küste, in diesem Fall jedoch beschleunigt er.
Verwirrend schließlich wirkt häufig das »Kissen«-Phänomen (windstille Zone an der Luvseite eines Hindernisses), während der »Kap«-Effekt die Stärke und Richtung des Windes spürbar verändert, wobei die deutlichste Beschleunigung in einer gewissen Entfernung vom Kap zu spüren ist.

Rechte Seite von oben nach unten:
Die sanfte Neigung und fehlende Vegetation an den kroatischen Küsten begünstigen die Beschleunigung des Festlandwindes.

Nebel fühlt sich bei Windstille besonders wohl (hier in Mystic Seaport in den USA), kann aber auch bei Wind anhalten.

Ein Hinweis auf den Luftaustausch in Gebirgsnähe sind beispielsweise diese Wolken, die an den Berghängen der griechischen Insel Sifnos hängen.

Eine Gebirgsbarriere kann an der Luvseite atmosphärischen Überdruck und an der Leeseite Unterdruck erzeugen. Dazu muss sie ein senkrechtes Hindernis bilden, das für Luftmassen schwer zu überwinden ist. Durch diese Barriere ändern sich die Windverhältnisse, der »synoptische Wind«, für die gesamte Region. Dieses Phänomen ist auf Korsika bei Ost- oder Westwind regelmäßig zu beobachten. Auch ohne echten Korridor oder große Sperre kann ein einzelnes Hindernis ausreichen, um beachtliche Ergebnisse zu erzielen. Dies gilt insbesondere für den »Kap-Effekt«, der sich manifestiert, sobald man es im Meer oder auf einer Ebene mit einer Landspitze, einem Kap, zu tun hat. Wird der Wind gegen dieses Kap gedrückt, wird er umgeleitet und beschleunigt dabei.
Ein weiteres Phänomen verwirrt den Beobachter am Meer häufig. Stellen Sie sich vor, Sie befinden sich am Strand am Fuß einer Klippe, und der Wetterbericht hat einen Sturm vom offenen Meer her angekündigt. Nun gibt es eine Überraschung: Der Zustand des Meeres in der Ferne zeigt wohl Windstärke 7 an, am Strand aber bleibt die Atmosphäre erstaunlich ruhig. Wo ist der Wind geblieben? Er hat das Hindernis bereits im Voraus überwunden, die Hauptströmung hat sich in die Höhe verlagert, um die Klippe zu überwinden. Unten am Strand (und auf einem Küstenstreifen, der der Höhe der Klippe entspricht) bleiben daher nur undeutliche Luftwirbel übrig.
Handelt es sich bei dem Relief um eine Insel (oder einen einzelnen Hügel), sind an der Luvseite ebenfalls seltsame Dinge zu beobachten mit – zumindest scheinbar – völlig eigenwilligen Luftströmungen, deren Einfluss sich noch mehrere Kilometer jenseits des Hindernisses auswirkt. Entlang der Küsten und im Landesinneren treibt der Wind gerne solche Spielchen. Die Schemata gegenüber vermitteln einen kleinen Eindruck von den Gewohnheiten des Windes, wie sie sich dann tatsächlich entwickeln hängt aber von der Luftstabilität, von der Richtung, in der sich der Wind um das Relief windet, und der Windstärke ab, denn je stabiler – also kälter – und langsamer die Luft ist, desto ausgeprägter wirkt sich das Hindernis aus. Beschreibt der Wind eine zyklonale Kurve (gegen den Uhrzeigersinn), wird er langsamer, je weiter er sich von dem Relief entfernt. Verläuft die Kurve antizyklonal, wird er im Gegenteil am Relief »kleben« und beschleunigen.

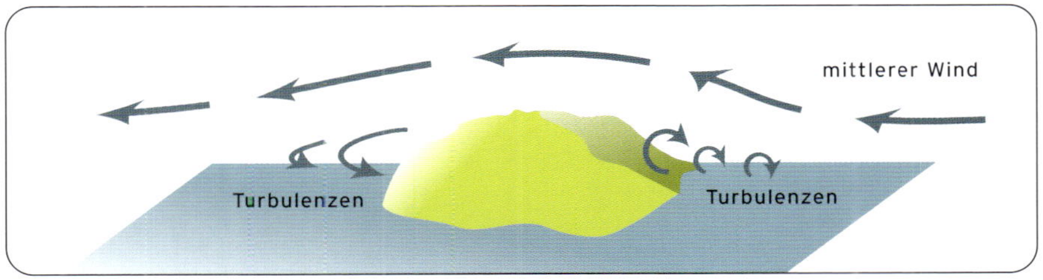

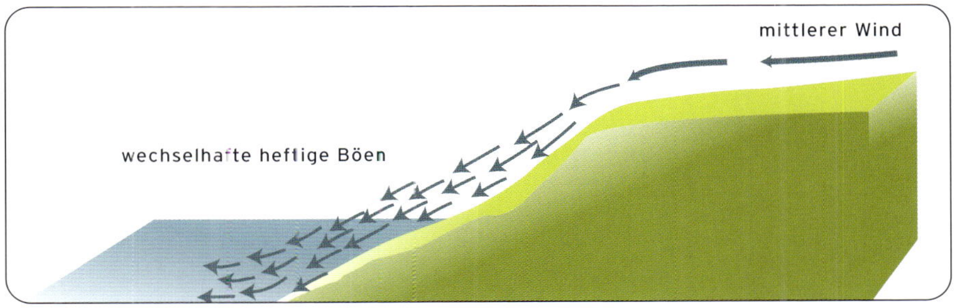

Relativer Schutz

Es ist nicht unbedingt die Ideallösung, hinter einem Hügel Schutz zu suchen. Fällt dieser steil ab, ist man zwar vom vorherrschenden Wind abgeschnitten, kann sich aber turbulenten Luftströmungen aus der entgegengesetzten Richtung ausgesetzt sehen, nachts zudem abfallender Kaltluft. Ist der Abhang weniger steil, bestehen gute Aussichten, von heftigen Böen überrascht zu werden. Diese nehmen an Geschwindigkeit zu, während sie den Hang hinabwehen. Auf der theoretisch geschützten Seite lassen sie einen Wind entstehen, der stärker und störender ist als der Wind auf der »exponierten« Seite. Insbesondere aus diesen Gründen ziehen Seefahrer bewaldete Uferstreifen als ruhigen Ankerplatz vor, da die Vegetation den Wind besser dämpft als felsige oder kahle Flächen.

Die Feinheiten thermischer Brisen

Wenn keinerlei Relief den Wind ablenkt, kann man immer noch darauf zählen, dass die Thermik etwas Leben in das lokale Wettergeschehen bringen wird. Auch die Meeresbrise, die bei schönem Wetter häufig um die Mittagszeit auftritt, den Segelfreunden eine schöne Segelpartie ermöglicht und verhindert, dass Badegäste zu sehr im Sand schmoren, entsteht aus dem thermischen Kontrast zwischen Meer und Land. Da sich das Land in der Sonne rascher erwärmt, bildet sich über ihm eine aufsteigende Luftbewegung, die einen Kreislauf in Gang setzt: Die in der Höhe abgekühlte Luft sinkt wieder Richtung Wasser, steigt auf und so weiter. An der Küste entsteht dadurch eine Brise, die vom offenen Meer her

Verschleierter Himmel am Comer See in Italien. Falls die Sonneneinstrahlung nicht ergiebiger wird, bleibt der Wind wahrscheinlich leicht, denn die kräftigen Brisen, die über die Gebirgsseen fegen, hängen vor allem von den Temperaturunterschieden zwischen dem Wasser und den angrenzenden Gebirgszügen ab.

weht und deren Geschwindigkeit meist zwischen acht und 15 Knoten (Windstärke 3 bis 4) liegt, gelegentlich auch etwas höher. Diese Brise erhebt sich am Spätvormittag, wird allmählich stärker und dreht häufig nach rechts, bis sie praktisch parallel zum Ufer weht. Schließlich verflüchtigt sie sich allmählich gegen Abend, wenn die Erwärmung nicht mehr ausreicht, um den Kreislauf in Gang zu halten.
Dieses System funktioniert jedoch auch nicht immer, denn der Mechanismus bleibt doch recht launisch: Der synoptische Wind darf nicht zu stark und das Wetter nicht zu heiß sein. Außerdem ist ein Minimum an Instabilität erforderlich, um die Luft aufsteigen zu lassen. Dabei bevorzugt die Meeresbrise flache oder zumindest nur wenig erhöhte Küsten.
Nachts kann sich das Phänomen umkehren, der Wind bläst dann vom Land in Richtung offenes Meer. Diese nächtliche Brise ist weniger ausgeprägt, es sei denn, ein kalter Fallwind, ein sogenannter katabatischer Wind, mischt sich darunter, wenn die Kaltluft, die sich auf einem erhöhten Relief angesammelt hat, talabwärts in Richtung Meer sinkt. Seefahrer sind auf der Hut: Dieser Windtyp kann ihnen schlimme Nächte am Ankerplatz bescheren und eine scheinbar idyllische kleine Felsenbucht in einen Hexenkessel verwandeln!
Ein weiteres Beispiel dafür, dass alle diese Faktoren – synoptischer Wind, Relief und Thermik – auch gleichzeitig auftreten können, ist die berühmte Playa de Sotavento, deren äußerst spezielle Bedingungen Rekordjäger aus aller Welt anziehen. Hier gelang es 1986 dem Franzosen Pascal Maka als erstem Menschen, mit einem bescheidenen Surfbrett schneller zu sein als Segler in den größten und ausgefeiltesten Wettkampfsegelbooten. Er erreichte genau 38,86 Knoten. Das Geheimnis dieses Surfspots an der Südostküste der kanarischen Insel Fuerteventura ist, dass er gleichzeitig von allen Faktoren profitiert: Der **Passatwind** aus Nordost erreicht die luvseitige Küste (Barlovento) mit Windstärke 5 und stürzt sich dann mit zunehmendem Tempo in eine Engstelle zwischen zwei großen Hügeln. Er beschleunigt weiter, während er die von der Sonne erhitzten Dünen hinunterbraust, und trifft mit Windstärke 8 bis 9 – also sehr schnell – eine Wasserfläche, welche entlang der Küstenlinie relativ unbewegt bleiben kann.

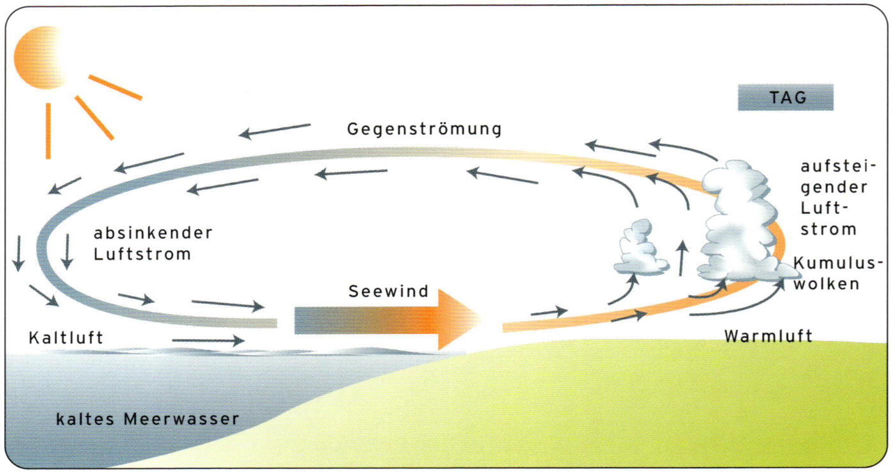

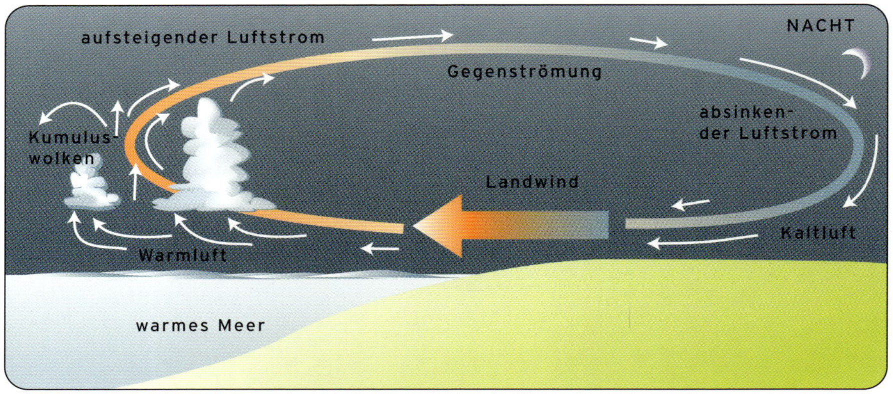

Die thermische Brise: eine Wechselbewegung

Festland, das sich rascher erwärmt als das Meer, eine leichte Instabilität der Luftschichtung, kein hinderlicher synoptischer Wind – dies sind die wichtigsten Zutaten, die an einem schönen, sonnigen Tag für eine Meeresbrise mit ihrer Luftzirkulation sorgen. Der Mechanismus der thermischen Brise funktioniert nachts umgekehrt.

Zusammen mit dem Nebel, der häufig die Golden Gate Bridge verhüllt, ist die thermische Brise Teil des gewohnten Landschaftsbildes von San Francisco. In dieser Bucht, die von einem anhaltenden Wind auf Trab gehalten wird, der im gesamten Ballungsgebiet für Abkühlung sorgt, erhält die Schifffahrt regelmäßig eine sportliche Note.

Wenn Wolken alles durcheinanderbringen

Ein weiteres Element kann die Windstärke und Windrichtung lokal beeinflussen: das Vorhandensein einzelner Wolken. Das Studium der Luftzirkulation im Inneren und in der Umgebung verschiedener Wolkenarten könnte bereits ein dickeres Buch füllen. Leser, die sich für dieses Thema besonders interessieren, vertiefen sich am besten in Fachbücher für Regattateilnehmer oder Liebhaber von fliegerischen Aktivitäten (siehe Literaturangaben). Zunächst müssen wir feststellen, dass sich die Wolken, die uns hier am meisten interessieren, die Kumuluswolken, nicht in der Richtung des Oberflächenwindes fortbewegen. Sie entwickeln sich in einigen Hundert Metern Höhe (dies gilt für die weniger hohen, deren Auswirkungen wir am ehesten zu spüren bekommen) und folgen einem Höhenwind, dessen Richtung im Vergleich zu dem Wind, den wir auf der Erdoberfläche spüren, etwa 20° nach rechts abweicht. Das erklärt auch, warum die Bahn dieser Wolken häufig so bizarr erscheint.

Unter den Luftströmungen, die beim Durchzug der Kumuluswolken entstehen, sind zwei Arten zu unterscheiden. Falls der synoptische Wind zu vernachlässigen ist, bildet sich unter der Wolkenmitte eine Flaute, in der (in einem Umkreis von etwa zwei Kilometern) die leichten Winde zusammenlaufen. Ist der synoptische Wind ausgeprägter, kann man noch immer die Flaute in der Vertikalen der Wolkenmitte beobachten, nun aber begleitet von bedeutenden Veränderungen des Durchschnittswindes in der Umgebung: Bevor er auf die Wolke trifft, lässt er nach, hinter der Wolke lebt er auf. An den Seiten wird der Wind ebenfalls stärker und zur Wolke hin abgelenkt.

So viel zur »freundlichen« Kumuluswolke. Eine völlig andere Situation ergibt sich bei ihren Verwandten mit starker vertikaler Ausdehnung, den furchterregenden Kumulonimbuswolken, die Gewitter und heftige Böen mit sich führen können.

Für den Seefahrer ist es sicher von Vorteil, im Voraus zu wissen, dass sich die Böen strahlenförmig von der Wolke her ausbreiten (sodass also bei einer Gewitterböe der heftig blasende Wind diametral entgegengesetzt zum Wind auf der Wolkenvorderseite bläst). Eine Landratte wird großes Interesse daran haben, sich nicht weiter in diese Feinheiten zu vertiefen, sondern lieber vor dem Kamin ein gutes Buch zu lesen.

Unerheblicher synoptischer Wind, Kumuluswolken ohne Regen

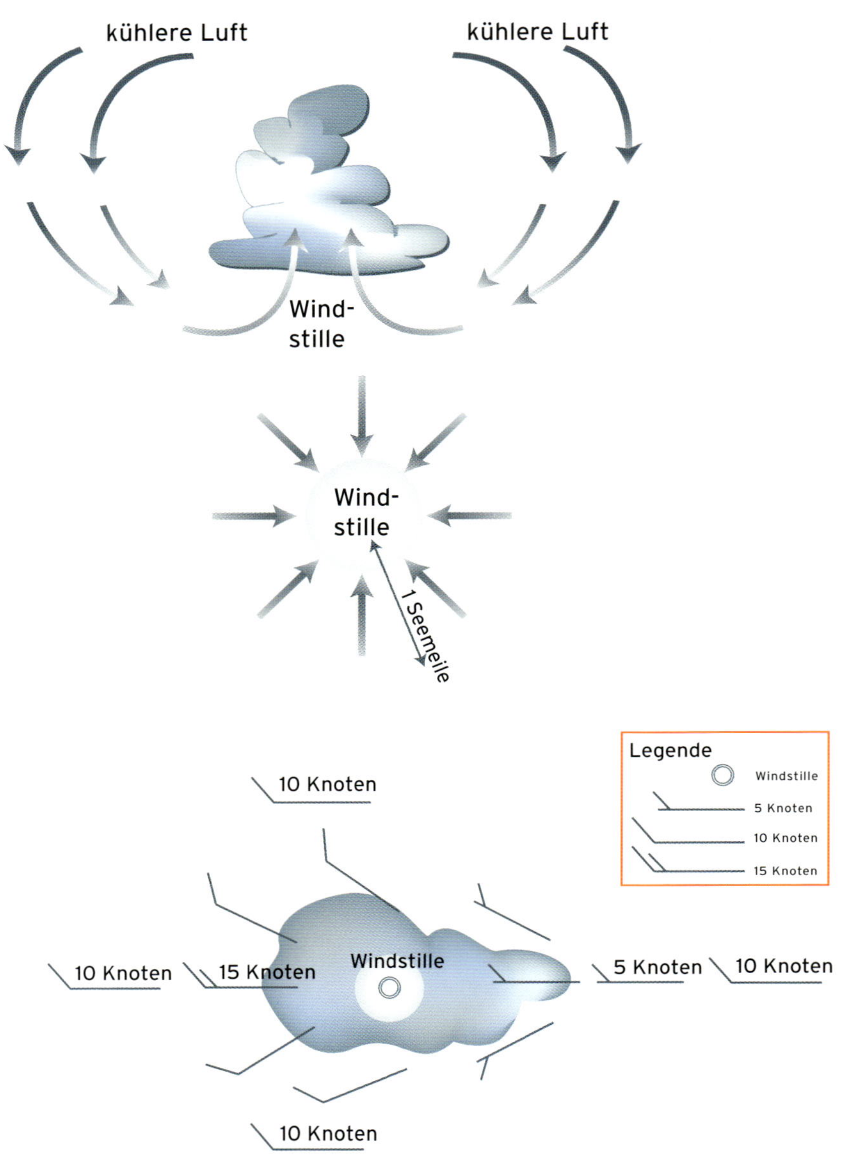

erheblicher synoptischer Wind, Kumuluswolken ohne Regen

Segelflieger achten besonders auf die Aufwinde, die ihnen bei Windstille von den Kumuluswolken angeboten werden (oben). Das Schema in der Mitte zeigt, wie die Oberflächenwinde unter der Wolke zusammentreffen. Teilnehmer an einer Segelregatta haben Interesse, die Veränderungen des synoptischen Windes zu meistern, die durch den Durchzug der Wolke entstehen (unten). Hierfür müssen sie den Kurs wählen, bei dem der Wind kräftig in einer für das Boot günstigen Richtung weht, und die windstillere Zone meiden.

Seit Urzeiten haben die Menschen sich vorgestellt, dass der Himmel mit mehr oder weniger liebenswürdigen Gottheiten bevölkert ist, die für alle Klimafragen zuständig sind, angefangen beim Wind.

Gottheiten und Sprichwörter

Es gab Zeiten, da dachten die Menschen, Wind würde durch die Bewegung des Laubes erzeugt. Allen möglichen Gottheiten haben sie dem Wind zugeschrieben, die bekanntesten sind noch immer Äolus und Fujin. Homer und Virgil haben die Heldentaten von Äolus ausführlich in sehr unterschiedlichen Versionen erzählt. Keiner der beiden beschreibt, dass der sterbliche Äolus, dem Zeus die Kontrolle über die Winde anvertraute, tatsächlich in einer Höhle auf den Äolischen Inseln (nördlich von Sizilien) lebte. Tatsächlich aber herrscht an diesem Ort eine Windverteilung, die dem Namen zumindest alle Ehre macht!

Fujin, der in Japan sehr verehrt wird, ist einer der ältesten shintoistischen Götter. Als die Erde erschaffen wurde, soll er einen starken Wind aus seiner Tasche gezogen haben, der die dichten Nebel vertrieb und es so der Sonne ermöglichte, die Erde zu erhellen.

Seit die Hochzeiten spezifischer Gottheiten vorüber sind, prägen Aberglaube und Sprichwörter das Verhältnis des Menschen zum Wind. Unter der Rubrik Aberglauben ist der Brauch auf früheren Handelssegelschiffen zu verbuchen, unbedingt ein »Windtuch« an Bord zu bringen, das man bei einer anerkannten Hexe erstanden hatte. Dieses Tuch mit drei Knoten wurde an den Mast genagelt, bei einer anhaltenden Flaute musste nur ein Knoten gelöst werden, um wieder für Wind zu sorgen. Die beiden verbleibenden Knoten hielt man für eventuelle weitere Flauten sorgfältig in Reserve. Um die Sache noch erfolgreicher zu machen, wurde empfohlen, gleichzeitig dem Schiffsjungen kräftig den Hintern zu versohlen, den dieser in die Richtung des erhofften Windes strecken musste.

Einige Bauernregeln wie die berühmte Behauptung »Kleiner Regen macht großen Wind legen« bewahrheiten sich nur sporadisch. Ernster nehmen kann man hingegen die schon klassische Aussage »Schäfchenwolken und eine herausgeputzte Frau halten sich nicht lange«, zumindest was die Wolken betrifft. Ob nun Zirrostratus oder Altocumulus – Wolken, die den Himmel mit »Schäfchen« überziehen, kündigen tatsächlich eine Störung an.

Auf Martinique wie im gesamten Bereich der Antillen kündigen größere Wolkenbildungen stets dasselbe Szenario an: kräftige Regenschauer und auflebenden Wind, wobei der Passat stellenweise 30 Knoten oder mehr erreichen kann. In der Regel hat sich innerhalb von etwa 15 Minuten alles wieder normalisiert.

Afrika

Arifi. Bezeichnung für den spezifischen Schirokko in Südmarokko, insbesondere für die stürmische Form dieses warmen und trockenen Südwinds. Der Name stammt vom arabischen Verb für »braun werden« und bezieht sich auf die Farbe, die der Himmel durch den sandführenden Wind annimmt.

Bull's eye squall. Diese Windböen, die oft auf dem offenen Meer vor Südafrikas Küsten vorkommen, haben die Besonderheit, bei schönem Wetter und klarem Himmel aufzutreten. Sie kündigen sich nur durch eine kleine einzelne Wolke an (daher auch der Name), die die Spitze dieser Mikrostörung anzeigt.

Demani. Auf Suaheli bedeutet dies »günstiger Wind«. Der Demani ist die schwache Frühlingsbrise im östlichen Afrika.

Dschani. Ein warmer und trockener Wind, der durch den Föhneffekt über dem Gebirgsrelief an der Grenze zwischen Libyen und dem Tschad (dem Tibestimassiv) und im Süden Algeriens auftritt.

Haboob. Das Wort kommt vom arabischen *habb*, was so viel bedeutet wie »wehen«. Der Haboob ist ein Sandsturm, der in

der Sahara und anderen Wüstenzonen Afrikas auf demselben Breitengrad zwei bis vier Stunden anhalten kann. Die eindrucksvolle Kumulonimbuswolke wird von einer rotierenden Luftwalze begleitet. Das Ganze wirbelt viel Sand auf und ist im Süden häufiger und heftiger. Am meisten betroffen ist der Sudan, dort heißt dieser Wind auch *dchaoui*.

Kapdoktor. Der »Kapdoktor« bläst in der Umgebung von Kapstadt in Südafrika. Es ist ein recht kräftiger Südostwind, der auch als **Black Southeaster** bezeichnet wird und den man meist Anfang des Sommers auf der Südhalbkugel beobachtet.

Levanto. Eine andere Bezeichnung der Spanier für den Schirokko, wenn dieser aus der Sahara kommend aus Südost bis zu den Kanarischen Inseln weht. Dieser warme und trockene Wind kann sogar Madeira erreichen, dort bläst er überwiegend aus Ost und trägt den Namen **Leste**.

Amerika

Abrolhos. Wind mit kräftigen Böen aus Ost an der Südküste Brasiliens zwischen dem Cap São Tomé und Cap Frio. Meist zwischen Mai und August zu beobachten.

Barber. Bei den französischsprachigen Kanadiern auch als **Barbier** bezeichnet, ist damit jeder Wind (einschließlich des **Blizzards**) gemeint, der kalt und kräftig genug ist, um alles einfrieren zu lassen und daher den Bart von Passanten mit weißem Reif zu überziehen.

Bayamo. Sehr stürmischer Nordwind, der gelegentlich vom gleichnamigen Berg in Kuba herabbraust und der Südküste der Insel Regenschauer beschert – zum Teil mit Gewittern.

Brisas. Nicht zu verwechseln mit dem philippinischen **Monsun.** Diesen Namen gibt man den Passatwinden an der Küste Puerto Ricos.

Brisote. So wird auf Kuba der Passatwind genannt, wenn er kräftiger bläst als gewöhnlich.

Catalina Eddy. Erstaunliches Phänomen einer streng begrenzten Windzirkulation in Südkalifornien. Ihren Namen erhielt sie aufgrund ihrer Nähe zur Insel Santa Catalina, sie tritt in der Zone zwischen Santa Barbara und San Diego auf. Zwischen Frühling und Sommer ist sie häufiger zu beobachten, wenn sich durch eine Nordströmung parallel zur Küste ein Mini-Tiefdruckgebiet im Süden der Reliefs von Santa Barbara aufbaut. Der Wind windet sich dann im wahrsten Sinn des Wortes um die Inseln, trifft senkrecht auf die Küste und kann sogar Richtung Norden, entgegen der ursprünglichen Richtung, an ihr entlangwehen! Diese Windzirkulation wird in der Region sehr geschätzt, weil sie die Atmosphäre erfrischt und den ständigen Smog von Los Angeles auflöst.

Chocolatero. Warmer Nordwind im Golf von Mexiko, der aus den Wüsten Texas kommt. Seinen Namen verdankt er der bräunlichen Farbe, die der Himmel durch den Sand in der Luft annimmt.

Chubasco. Stürmischer Wind in der Regenzeit von Mai bis November, der an der Atlantikküste Mittelamerikas anzutreffen ist. Meist gewittrig mit heftigen Böen.

Coromell. Schwacher Landwind, der sich nur nachts zwischen Mai und November vor der Halbinsel Baja California an der Pazifikküste erhebt.

Papagayos. Wenn die Passatwinde über Mittelamerika mitten im Winter in Höchstform sind, kommt es vor, dass diese kräftige Nordostströmung die mexikanischen Berge überwindet und sich an der Pazifikküste bemerkbar macht, gelegentlich bis weit aufs offene Meer hinaus. Die Papagayos sind auch unter dem Namen **Nortes** oder **Tehuantepecer** bekannt, wenn sie den gleichnamigen Golf im Süden Mexikos betreffen.

Squamish. Kalte und heftige Winde, die sich auf die Fjorde der Provinz British Columbia an der Pazifikküste Kanadas konzentrieren. Diese Ostwinde lösen sich rasch auf, sobald sie die Fjorde verlassen haben, von denen sie kanalisiert werden.

Asien

Arashi. Bezeichnet in Japan einen Sturm ohne genauere Angabe der Richtung oder Art. Man spricht bei einer Bö auch von **Bofu.**

Bad-i-sad-o-bistroz. Dies ist der »Wind der 120 Tage«. Er wütet zwischen Juni und September vor allem im Südwesten Afghanistans und im Osten des Irans. Der trockene, staubführende Nordwestwind trägt dazu bei, das Atmen der Luft den ganzen Sommer über zu erschweren. Wegen seiner geografischen Herkunft wird er auch als **Afghanetz** bezeichnet.

Bali-Wind. Ein starker Ostwind, der häufig über dem Ostteil der Insel Java in Indonesien weht.

Barat. Auf dem indonesischen Archipel Sulawesi und dort insbesondere an der Nordküste, deren Bewohner sozusagen in der ersten Reihe sitzen, bezeichnet man die starken Winde, die zwischen Dezember und Februar den Monsun aus Nordwest begleiten können, als **Barat.**

Bhoot. So nennen die Inder Staubteufel wie auch die warme trockene Luftströmung, die als Föhn von den Bergen weht.

Brisa. Auf den Philippinen bezeichnet die **Brisa** den Wintermonsun, der dort aus Nordost weht.

Challiho. Der Südwind, der mit beginnendem Sommer auftritt und recht lange anhalten kann, kündigt in Indien den Monsun aus Südwest an.

Elephanta. Dieser starke Wind, der im September und Oktober aus Südost oder Süd bläst, kennzeichnet an der Malabarküste (Südwesten Indiens) das Ende des Monsuns aus Südwest, bevor dieser als Wintermonsun auf Nordost dreht.

Karaburan. Er tritt in Zentralasien hauptsächlich in der Nähe der mongolischen und südrussischen Gebirgsmassive auf und fällt von den hohen Reliefs der Region. Wie alle Winde unter Föhneffekt ist er warm und trocken. Die Terminologie ist hier aber ungenau: In der Wüste Gobi verwendet man denselben Namen für den kalten und staubtragenden »schwarzen Wind« aus östlicher Richtung.

Karakaze. Er ist auch unter dem Namen »chinesischer Wind« bekannt und weht im Winter über dem Südteil des japanischen Archipels, dabei bringt er bei meist klarem Himmel kalte, aber trockene Luft heran.

Suchowei. Dieser Wind ist ein warmer und trockener Ostwind. In den Steppen Südrusslands wird sein Name synonym für eine schlechte Nachricht verwendet. Denn er wird von Trockenheit begleitet und schadet damit der Landwirtschaft.

Sumatrane. Dieser spezifische Wind, der in der Meerenge bei Malaysia auftritt, funktioniert nach einem höchst speziellen System: Er weht in den Monaten zwischen Juni und August, in der Zeit des Südwestmonsuns nur nachts eine bis vier Stunden lang und bringt eindrucksvolle Gewitter und sintflutartigen Regen mit sich.

Yamase. Das Hochdruckgebiet über dem Ochotskischen Meer leitet im Sommer regelmäßig diese Nordostströmung an die Ostküste von Honshu, der größten Insel Japans. Es ist ein unangenehmer Wind, denn er bringt große Feuchtigkeit mit sich und wird häufig von dichtem Nebel begleitet.

Europa

Aquilo. Mit diesem sehr alten Namen wird allerorten ein kalter und heftiger Nordwind bezeichnet.

Austral midi. Schwacher bis mäßiger Südwind, der im Herbst und Winter häufiger auftritt und von den Parisern normalerweise geschätzt wird, da er das Thermometer in der Hauptstadt nach oben klettern lässt.

Austru. Trockener und oft recht intensiver Wind, der aus Ost über Rumäniens Norden und die ungarischen Ebenen weht.

Auvergnasse. Bei dieser unbeständigen Brise handelt es sich nicht um einen genau definierten Wind. Manche verstehen darunter eine Nordweströmung, der Legende nach durch die Schwanzbewegungen der Kühe an den benachbarten Küsten erzeugt. Für andere ist es ein Südwestwind, der Schnee bringt. Sicher ist nur eines: Man beobachtet diesen Wind in der Auvergne!

Balaguère. So schwach diese Brise auch ist, lässt sie doch die Bewohner der Provinz Béarn nicht gleichgültig, aus dem einfachen Grund, dass sie fast immer Regen bringt.

Bén de ma. In der Gascogne bedeutet *bén* einfach Wind. Es gibt dort also viele *béns* aus allen Richtungen, angefangen bei diesem hier, der wörtlich übersetzt »Wind vom Meer« bedeutet, also die Westbrise bezeichnet.

Bise la butte. Dieser Begriff gehört wie **Austral midi** eher in die alte Pariser Volksüberlieferung als in die moderne Terminologie. Mit unerbittlicher Logik bezeichnet die **Bise la butte** den Nordwind, der aus Sicht der Einwohner des Pariser Stadtzentrums vom Montmartre herabweht.

Bise. Auch dies ist eine eher allgemeine Bezeichnung, die in vielen Gegenden für einen kalten, trockenen und starken Wind verwendet wird, kurz gesagt, für einen unangenehmen Wind.

Die wichtigsten Winde Europas

Diese Übersicht ist bei Weitem nicht vollständig, denn die Liste der Winde ist lang und die Fantasie der Völker (insbesondere im Mittelmeerraum) kennt keine Grenzen, wenn es darum geht, neue Namen zu erfinden. Daher sollte man auch nicht alles zu wörtlich nehmen: In verschiedenen Ländern werden einem Wind gleichen Namens häufig unterschiedliche Merkmale zugeordnet und umgekehrt.

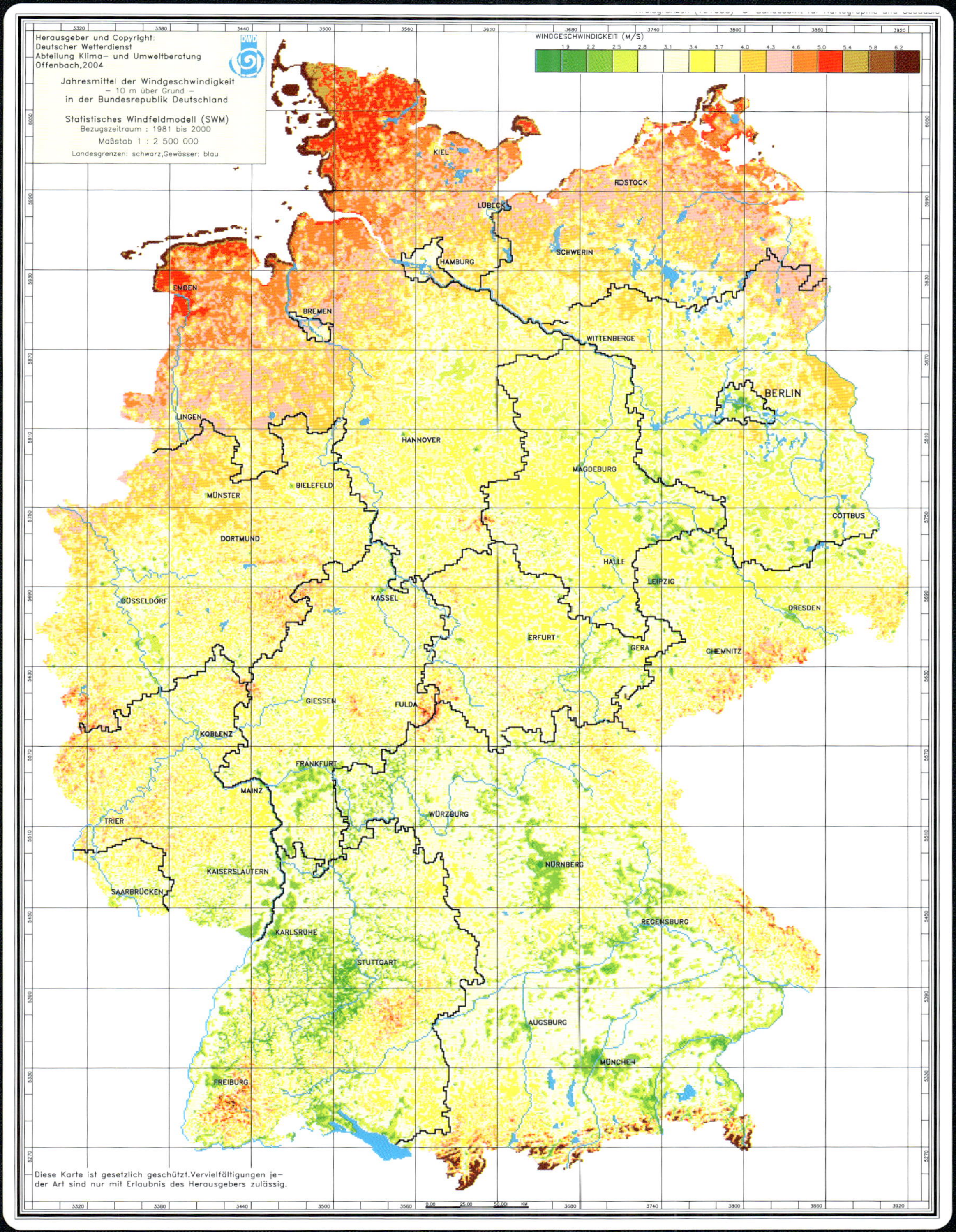

Windgeschwindigkeiten in Deutschland

Spezielle Namen für lokale Winde sind in Deutschland eher selten, dies ist vermutlich auf deren relativ geringes Auftreten zurückzuführen, jedenfalls im Vergleich mit anderen Ländern. Auf der Karte ist hingegen deutlich zu erkennen, dass sich höhere Windgeschwindigkeiten besonders an den Küsten finden lassen, sowie im Bereich von Erhebungen wie Schwarzwald, Alpenrand, Mittelgebirge oder der Eifel.

In einigen Gegenden bezeichnet Bise aber auch einen genau definierten Wind, beispielsweise in der Schweiz. Dort ist die **Bise** der häufigste Wind am Genfer See, der Nordostwind. Nicht verwechseln sollte man diesen Schönwetterwind mit der **Bise Noire,** die im Herbst aus Nord bläst und von tief hängenden Wolken begleitet wird.

Böhmischer Wind. Er ist normalerweise mäßig und weht im Osten Deutschlands aus Südost, insbesondere zwischen Chemnitz und Dresden. Er entsteht in Tschechien und weht über das Erzgebirge, bevor er sich in Sachsens Ebenen verliert.

Bornan. Dieser Südwind, der von Wassersportlern auf dem Genfer See gefürchtet wird, kann an heißen Tagen ohne Vorwarnung mit extrem heftigen Böen von den Bergen fallen und den See in einen Hexenkessel verwandeln. Betrifft er speziell den Petit-Lac (zwischen Genf und Yvoire), heißt er **Molan.**

Calderino. Südwind, der in Spanien in der Region von Toledo anzutreffen ist, besonders in der Umgebung von Madridejos. Seinen Namen verdankt er einem kleinen Berg in der Gegend.

Cers. Diesen Wind kennt man in der Provence, dem Languedoc und in Toulouse. Es handelt sich dabei immer um einen trockenen, mäßigen bis recht starken Nordwestwind. Vom **Mistral** und vom **Tramontane** unterscheidet er sich durch seine deutlich westlichere Richtung und seine geringere Stärke.

Ch'vint de noroé. Die Bezeichnung erfolgt in der Picardie nach einem recht einfachen Prinzip: Vorangestellt wird ch'vint, gefolgt von der Richtung, aus welcher der fragliche Wind weht. Hier handelt es sich also um einen Nordwestwind. Statt auf eine Himmelsrichtung kann sich der Name auch auf eine geografische Besonderheit beziehen wie beim ch'vint d'avo (»von unten«), der aus Südwest weht. Vorsicht trotz allem vor Missverständnissen: Der ch'vint d'été ist keine Sommerbrise, sondern der Ostwind.

Cierzo. Bezeichnet speziell den kräftigen Nordwestwind, der im Ebrotal anhaltend weht (in Mündungsnähe wird er dann als Mestral bezeichnet). Im übrigen Spanien ist es ein Allerweltsname für jeden Nordwind. In der Provinz León ist in diesem Fall auch vom Zaracio, in Salamanca vom Siero die Rede.

Droit vent. Er weht in der Champagne und in Lothringen mit Geschwindigkeiten zwischen 20 und 30 Knoten aus West und bringt Regen bis zu den Ausläufern des Elsass.

Écorche chieuve. Der perfekte Wind für alle, die sich für Etymologie begeistern können, denn über den Ursprung zahlreicher Nordwinde (dieser wütet im Limousin), die das Wort »écorche« im Namen tragen, gibt es zwei Thesen. Die einen behaupten, der Name beziehe sich auf den Ursprung der Brise (hier »aus Schottland [frz. Ecosse] heranströmend«), die anderen sind davon überzeugt, dass damit auf die unangenehme Empfindung angespielt wird, die diese Kaltluft auf der Haut hinterlässt [écorcher = enthäuten].

Écorche vache. Ein weiterer Beitrag zur Ratlosigkeit des Beobachters, denn mit seiner Nordnordostrichtung kommt dieser für Flandern typische Wind nicht eigentlich aus Schottland. Das Wort »vache« bezieht sich zudem nicht auf den gleichnamigen Wiederkäuer (la vache = die Kuh), sondern ist ein Begriff aus Mittelfrankreich und bedeutet Quelle.

Enbata. Dieser »Wind von unten« wird – häufig sehr heftig – an der Küste Aquitaniens spürbar. Er kommt aus Nordwest und wird entgegen der manchmal geäußerten Ansicht von den ein Chaos). Sie ziehen den **Ekialdeko haizea** (Ostwind) eindeutig vor, der sich damit begnügt, die Wellenkämme zu zerzausen.

Forain. In der Region Basse-Normandie bringt dieser mäßige Südwind eine Milderung mit sich. Etymologisch bezeichnet **forain** den, »der von außen kommt«, den »aus dem Ausland«.

Galerne. In der Bretagne nennt man ihn **Gwalarn** oder **Goulern,** in der Champagne **Galerme,** im Quercy **Gaterno.** Mit vielen lokalen Unterschieden handelt es sich dabei um einen kühlen und feuchten Nordwestwind in einem ausgedehnten Gebiet, das sich von der Bretagne bis in die Vendée im Osten des Pariser Beckens erstreckt.

Gallego. Nordwestwind an den kantabrischen und galicischen Küsten, aber auch in Kastilien. Genau gesagt, verdankt er seinen Namen dieser Provinz, denn die Kastilier tauften ihn den Wind, der aus Galicien kommt. Im übrigen Spanien wird beim Nordwestwind häufig vom **Reganon** gesprochen. An der Mittelmeerküste hört man für einen kräftigen Nordwestwind oft den Begriff **Tarantada.**

Guara. Dies ist in Saragossa eine lokale Bezeichnung für den **Gregal.** Die Bewohner der Region León sprechen bei diesem Nordostwind eher vom **Burgalés,** was so viel bedeutet wie »aus Burgos«.

Hale le su. Diesen Wind kennt man auch in der Normandie, vom **Forain** unterscheidet er sich durch seine westliche Richtung. Auch **Hale du sud** genannt, geht sein Name auf die Austrocknung zurück, die dieser laue Wind verursacht, aber auch auf den Begriff »haler« aus der Kanalschifffahrt, »herausziehen«.

Halny Wiatr. Südlicher Fallwind in Polen, der die Atmosphäre durch den Föhneffekt erwärmt. In Rumänien spricht man bei diesem Phänomen von **Rotetur**.

Harle. Hier ist es wieder einmal angebracht, daran zu erinnern, dass die Bezeichnungen gelegentlich keiner geografischen Logik folgen. *Harle* bedeutet »Wind, der unten weht«, gemeint ist aber ein Nordwind in der Champagne.

Höllentäler. Ostwind im Schwarzwald, der durch das kleine Höllental fegt, bevor er die weite Rheinebene erreicht.

Horzain. Ein weiterer Wind, der für die Bewohner der Normandie aus dem Ausland kommt. In diesem Fall weht er aus Nord über den Ärmelkanal und das Calvados.

Hurle. Obgleich die Wortbedeutung mit dem französischen Verb *hurler* (heulen) nichts zu tun hat, haben die sprachlichen Zufälle den Kern getroffen, denn dieser Nordwind veranstaltet in der Auvergne ein großes Getöse, wenn er im Winter kräftig bläst und für eisige Temperaturen sorgt.

Joran. Schweizerischer Name für den Wind, der vom Jura weht. Er bläst aus Nordwest mit heftigen Böen, lässt Temperaturen sinken und tritt meist bei Gewitterlage auf. Man sollte auf die Vorboten achten: dunkle Wolken über den Jurahängen.

Kirck. Die Richtung dieses Windes lässt zwar an den **Tramontane** denken (nur geringfügig westlicher), aber der **Kirck** hat mit seinem mächtigen Nachbarn nur wenig gemeinsam: Er erreicht nie mehr als Windstärke 5, und sein Einflussbereich bleibt auf das Departement Pyrénées-Orientales beschränkt.

Kornaoueg. Der »Spitzenwind«, ein Westwind, der über das Finistère hinwegbläst. Im Süden der Bretagne, im Pays Vannetais, heißt er **Kornog**.

Labechado. Dieser mäßige, warme Wind aus Südwest entsteht durch Föhneffekte und hat lokal begrenzten Einfluss. Er kommt aus dem Departement Hautes-Pyrénées und kann bis Toulouse spürbar sein.

Leu vam. Dieser Südwind (örtlich »vent du midi«) wird auch **ara d'mèidyio** genannt. Er ist in der Auvergne das Pendant zum **Hurle**. Er bringt milde und feuchte Luft heran.

Ljuka. Der **Ljuka** fällt ebenfalls von den Bergen, hat aber nichts mit der **Bora** zu tun. Es handelt sich um einen Föhnwind, der die kroatischen Küsten vorwiegend im Sommer mit Warmluft versorgt.

Llebetjado. Warm und wechselhaft weht er von den Pyrenäen nach Katalonien herab und hält nie lange an.

Maloja. So werden in der Schweiz die katabatischen Winde genannt, die von den Berggipfeln im oberen Engadin wehen und heftige eisige Böen ins Tal schicken.

Marais. Dieser Nordwind hat seinen Namen von den Bewohnern Poitous zu Recht erhalten, denn er weht über die Sümpfe, bevor er bei ihnen ankommt. Der Wind ist kalt und erreicht selten mehr als Windstärke 5.

Maurabia. Sommerlicher Südwestwind über dem Genfer See. Er weht normalerweise bei klarem Himmel, kann aber ziemlich unvermittelt schlechtes Wetter ankündigen. Er ist stark genug, dem See Schaumkronen aufzusetzen, und wird im äußersten Osten stürmisch.

Mervent. Von einem Ende der bretonischen Küste bis zum anderen wird daraus **Méruéan.** Es ist aber stets derselbe Südwestwind, der berühmte **Suroît**, der mit Regen und verhangenem Himmel einhergeht und mit dem die meisten Tiefdruckgebiete ihren Anfang nehmen. Er kann sehr stark sein, die heftigsten Böen treten aber häufig erst nach dem Durchzug der Kaltfront auf, wenn der Himmel wieder klar wird und der Wind auf Nordwest dreht.

Mezzo Giorno. Der Wind zur »Hälfte des Tages« weht natürlich aus südlicher Richtung. Er betrifft speziell Korsika.

Miégjornaù. Dieser Wind hat denselben Ursprung und dieselbe Richtung wie der vorherige (immer aus Süd), nur die Orthografie ändert sich: Wir befinden uns hier in der Provence!

Monsieur de Port-l'écluse. Diesen Wind möchte man allein schon wegen seines Namens kennenlernen! Er weht aus Süd in Savoien und Haute-Savoien und kann im Herbst und Frühling stark auffrischen. Er bringt milde Temperaturen, was im Winter gelegentlich zu einem Wärmeeinbruch führen kann. Die Herkunft des Namens ist nicht völlig geklärt, wahrscheinlich rührt er daher, dass der Wind in dieser Region des Gebirges über einen »port« weht (ein anderes französisches Wort für »Fass«).

Morvandeau. Nordwestwind - auch unter dem Namen **Galerne du Morvan** bekannt - der hauptsächlich das Departement Saône-et-Loire betrifft. Er kann recht kräftig sein und erreicht hin und wieder mehr als Windstärke 7.

Niederwind. Dieser Nordwind ist in der Osthälfte Lothringens und im Elsass zu finden. Er teilt sich diese Gebiete mit dem **Balerswind** (Ostwind aus Basel), dem **Betchawind** (Westwind) und dem Südwind.

Nordêt. Die Bezeichnung stammt speziell von den Fischern der Normandie im Osten des Ärmelkanals, allgemein wird der Name aber überall in der Bretagne und der Normandie für einen Nordostwind verwendet.

Noroît. In der Bretagne und in der Normandie übliche Bezeichnung für einen Nordwestwind, ohne dass dies unbedingt eine spezielle meteorologische Gegebenheit oder Windstärke voraussetzt. Im Departement Seine-Maritime wird daraus der Norouêt und in der Vendée der Noroué.

Ostria. An der bulgarischen Küste ein schlechtes Vorzeichen: Der recht warme Südwind kündigt zumeist eine Schlechtwetterperiode an.

Père Barnard. Dieser merkwürdige Name für einen Westwind im Osten der Bretagne, aber auch in den Departements Mayenne und Sarthe, hat seinen Ursprung in einer Legende: Ein Eremit dieses Namens soll nach seinem Rückzug in den Wald von Brocéliande die Winde befehligt haben.

Père Lachaise. Wie auch bei den anderen Pariser Winden hat die Bezeichnung einen konkreten Hintergrund: Da er von Osten kommt, weht er für die Bewohner des Pariser Zentrums aus der Richtung des berühmten gleichnamigen Friedhofs.

Piterak. Ein Wind in Island, der von den Bergen Richtung Meer bläst. Er ist auf allen Inselseiten zu beobachten, weht also aus unterschiedlichen Richtungen.

Plus que nord. Dieser Wind, der in den Departements Manche, Calvados und Seine-Maritime aus Nordnordost weht, kann seinen Namen zwei unterschiedlichen Ursachen verdanken: einerseits der Tatsache, dass er nicht genau aus Nord weht, andererseits der Temperatur, die ihn begleitet und die noch kälter ist als beim Nordwind.

Portugals Passatwinde. Beständige Winde aus nördlicher Richtung, die in den Sommermonaten an den portugiesischen Küsten durch das Zusammenwirken des Azorenhochs und eines thermischen Tiefs über Spanien entstehen. Der Begriff wird oft fälschlich für jeden Wind aus Nord bis Nordost verwendet, der in der Nähe von Portugal weht.

Reshabar. Die Bewohner im Südkaukasus fürchten im Winter diesen katabatischen Wind: Die Kaltluft fällt dann mit sehr hoher Geschwindigkeit von den Bergen auf die Ebenen herab.

Salaï. Im Departement Vendée der Westwind – wörtlich der »Salzige«, da er vom Meer weht.

Séchard. Ein recht leichter Ostwind über dem Genfer See. Er betrifft nur den Grand-Lac (den Mittelteil) und den Petit-Lac (den Westteil), dort dreht er auf Nordost.

Séguent. Von diesem gibt es mehrere: im Rouergue, im Périgord, im Languedoc (wo er auch **Magalouno** heißt), die meisten kommen jedoch aus West und bringen Feuchtigkeit mit, was sehr gut zu dem Wortursprung mit der Bedeutung »bewässern« passt.

Solano. Dieser Wind aus Ost bis Südost trägt seinen Namen nach der aufgehenden Sonne, aus deren Richtung er weht, und wird häufig mit dem Schirokko verwechselt. Er ist in der Regel warm, trocken und sandstaubtragend, kann gelegentlich aber auch Feuchtigkeit mitführen. Das ergibt dann den erstaunlichen *lluvia de sangre*, den »Blutregen«, der seinen Namen der Farbe des mitgeführten Sandes verdankt. In der Provinz Ciudad Real wird er je nach seiner Stärke mit unterschiedlichen Adjektiven versehen, *hondo, alto* oder *fijo*.

Soulaire. Ein weiterer häufig anzutreffender Name in Mittel- und Südfrankreich. Es handelt sich immer um »Sonnenwinde«, die aus südlichen Richtungen wehen. Über Paris gibt es sogar einen **Soulaire d'Italie** der aus Südsüdost kommt!

Souledrado. Noch ein »Sonnenwind«, nun aus Richtung der aufgehenden Sonne. Der eher leichte Ostwind weht im Périgord.

Suage. Südströmung in der Vendée, betrifft fast den ganzen Westen Frankreichs, wenn Spanien unter Hochdruck liegt.

Suêt. Der Südostwind in der Normandie und einem Großteil der Nordhälfte Frankreichs. Es gibt einige Varianten: **Suéti** oder **Suétin**, theoretisch etwas leichtere Winde aus derselben Richtung, die Bezeichnungen werden in der Praxis aber ohne erkennbare Logik verwendet.

Tramontana. Nicht zu verwechseln mit dem **Tramontane** im Golf von Lion. Der **Tramontana** weht in Italien, und sein Name stammt vom lateinischen *transmontano* (»von jenseits der Berge kommend«). Er weht aus Nord, tritt im Winter häufiger auf und überquert den Apennin, um dann im Golf von Genua und im Tyrrhenischen Meer zu wüten.

Traverse bourbonnaise. Diese mäßige Nordwestbrise kommt aus dem Norden des Zentralmassivs und überquert, wie der Name schon sagt, das Rhônetal, um an den Alpen zu enden. In der Praxis handelt es sich um eine etwas »südlichere« Bezeichnung für den **Morvandeau.**

Vardar-Wind. Er bricht im Winter plötzlich vom gleichnamigen Tal bis zum Golf von Saloniki herein, wenn sich über dem Osten Mitteleuropas Hochdruck festigt. Dieser kalte Nordwestwind heißt auch **Vardarac.**

Vaudaire. Der **Vaudaire** legt eine gewisse Rohheit an den Tag. Er tritt bei Gewitterneigung auf und kann auf dem Haut-Lac (dem Ostteil des Genfer Sees) sehr kräftig aus Südost wehen.

Vendavales. Ursprünglich bezeichnete der Wind speziell einen auflandigen Wind (vom französischen »vent d'aval«), inzwischen verwenden die Spanier den Begriff für alle kräftigen Winde, egal aus welcher Richtung.

Vendée. Das südlicheste Departement der Region Pays-de-la-Loire verdankt seinen Namen diesem mäßigen Ostwind. Weiter nördlich spricht man bei demselben Wind vom **Vendet.**

Vent de corbeau (»Rabenwind«). Weht im Herbst, wenn die Raben ziehen, aus Ostnordost über die Franche-Comté.

Vent. Dies ist nicht nur das französische Wort für jeden Wind, sondern bezeichnet auch ein genau lokalisiertes Phänomen. Die Schweizer nennen die kräftige Südweströmung **Vent,** die bei ihnen ein herannahendes Atlantiktief ankündigt. Am Ostende des Genfer Sees weicht der **Vent** am stärksten vom Kurs ab, da ihn die unüberwindbaren Wände hinter der Ortschaft Le Bouveret dazu zwingen, um den Haut-Lac herumzuwehen. Sympathischer ist der **Vent Blanc,** der im Sommer bei Sonne regelmäßig aktiv ist und nur mäßige Stärke erreicht.

Ventouresco. Der Wind fällt aus Nordnordost vom Mont Ventoux in der Provence herab. Er sorgt gerne für Nachtfrost.

Yugo. Er weht aus Südost an der Ostküste der Adria, insbesondere in Kroatien. Im Herbst und Frühling ist er besonders aktiv, bleibt normalerweise mäßig, kann stellenweise aber Sturmstärke erreichen. Wird in der Gegend häufig auch als **Jugo** bezeichnet.

Zef de Neuilly. Im alten Pariser Dialekt ist dies der Westnordwestwind, der vor allem im Winter und häufig kräftig über der

Hauptstadt bläst. Die Bezeichnung stammt vom griechischen Gott Zephyr oder Zephyros, der den Westwind verkörperte. Nicht zu verwechseln mit dem **Zef de la Muette,** der aus Westsüdwest weht!

Naher Osten

Belat. Nordwind, der im Winter über dem Golf von Aden weht. Er erreicht problemlos 30 Knoten und macht im Sommer dem Karif Platz, der aus entgegengesetzter Richtung bläst und punktuell den Südwestmonsun verstärkt. Seine Auswirkungen sind bis in den Jemen und bis Saudi-Arabien spürbar.

N'aschi. Eine Nordostströmung, die man im Winter an der iranischen Küste im Persischen Golf beobachtet. Der in dieser Region seltenere Südostwind heißt Suhaili.

Schemal (auch Shamal). Der mäßige Nordwestwind, der im Sommer sehr häufig im Persischen Golf und im Süden des Irak zu beobachten ist, frischt nachmittags gerne auf, bevor er nachts wieder nachlässt.

Ozeanien

Brickfielder. Sehr warmer Nordwind (im Durchschnitt etwa 38 °C), der im südlichen Sommer Tropenluft in die Wüsten Südaustraliens trägt. Staubbeladen, macht er das Klima sehr beschwerlich für alle, die nicht an ihn gewöhnt sind.

Canterbury Nordwester. Wie sein Name sagt, weht er auf den Ebenen der Provinz Canterbury auf der Südinsel Neuseelands aus Nordwest. Es ist ein warmer Wind, der durch den Föhneffekt über der Südalpenkette entsteht.

Churadas. Regenschauer mit heftigen Böen auf den Marianen im Westpazifik; während des Nordost-Monsuns zwischen November und April häufig, insbesondere im Januar, Februar und März.

Cockeyed Bob. Der Name ist etwas rätselhaft (er bedeutet in etwa »Bob, der Spinner«), bezeichnet in Australien aber dasselbe, was die Amerikaner »Staubteufel« (Dust Devil) nennen. Es handelt sich also um einen kleinen Tornado, der Staub, Sand, Blätter und leichte Gegenstände aufwirbeln kann.

Fremantle doctor. Ein echter Taktgeber: Er erhebt sich fast täglich zur Mittagszeit, erreicht rasch eine Geschwindigkeit von 20 Knoten und legt sich am Nachmittag wieder. Diese Meeresbrise bringt nicht nur der australischen Stadt Fremantle, sondern der gesamten Region Perth Abkühlung. Sie wühlt das Meer auf und hat bei allen Teams des America's Cup 1986 bis 1987 feuchte Erinnerungen hinterlassen.

Guba. Erhebt sich normalerweise nachts während des Wintermonsuns in der Torres-Straße an der Küste von Papua-Neuguinea. Ein Wind mit heftigen Böen, der weitgehend in derselben Richtung weht wie der Nordwest-Monsun. Seine Böen können 55 Knoten überschreiten.

Kona-Sturm. Er unterbricht auf den Hawaii-Inseln den winterlichen Passatzyklus. Der Wind kann dann bei bedecktem Himmel und mit ergiebigem Regen einige Tage lang stark aus Süd bis Südwest wehen (dem Passatwind entgegengesetzt).

Mara'amu. So heißt in Französisch-Polynesien der Winterpassat (also im Juni, Juli und August), wenn er sich im Südosten festsetzt und regelmäßig mit über 20 Knoten die Atmosphäre erfrischt (auf den leeseitigen Inseln ist es dann häufig kaum wärmer als 20 °C).
In der feuchten Jahreszeit von November bis März wird er theoretisch vom **Toerau** (»Nordwind«) abgelöst, in der Praxis wehen die Winde dann aber unbeständig aus wechselnden Richtungen mit dem Risiko von Wirbelstürmen.

Southerly Buster. Der Name dieser Meeresbrise in der Umgebung von Sydney an Australiens Südostküste ist Programm. Der Wind entsteht im Sommer durch die raschere Erwärmung der Landoberfläche und weht im Allgemeinen aus südsüdöstlichen Richtungen. Er kann am Nachmittag an der Küste anhaltend sein und bringt dem Landesinneren willkommene Abkühlung.

Island, Thorisvatn-See. Das Polarlicht entsteht, wenn die Partikel des Sonnenwindes in Polnähe in die Erdatmosphäre eintreten.

Kräfteverhältnisse

Von der Fülle an Winden auf der Erde

Ob nun Reisende oder Stubenhocker, Seefahrer oder eingefleischte Landratten – die Menschen haben zum Wind ein ambivalentes Verhältnis. Nachdem wir lange vom Wind abhängig waren, um über das Meer fahren zu können, zu fischen oder die Windmühlen in Betrieb zu halten, haben wir sehr schnell wieder vergessen, wie wichtig der Wind für den Wohlstand unserer Zivilisationen war, und gestehen ihm mehr oder weniger nur noch die Funktion zu, unsere Freizeitaktivitäten zu ermöglichen.

Dieser vorübergehende Gedächtnisverlust hat sich wieder gelegt, seit die Windenergie zunehmend als Energiequelle entdeckt wurde. Da sich die fossilen Energiereserven erschöpfen, werden die Menschen wohl zu ihren ursprünglichen Produktionsweisen zurückkehren. Gleichzeitig erleben wir möglicherweise auch die Revanche von Gegenden, die reich an Wind, aber arm an Landwirtschaft oder Tourismus sind. Fachleute übernehmen bereits das Vokabular rund ums Erdöl und sprechen bei Zonen mit stärkerem Windpotenzial von deren »Windvorkommen«.

Regelmäßigkeit vor Stärke

Es dürfte für den Leser kein Geheimnis sein, dass nicht alle Regionen der Welt mit vergleichbaren Windverhältnissen gesegnet sind: Einen recht guten Eindruck, welche Kapriolen der Wind schlägt, hat uns die Beobachtung der großen Zirkulationssysteme und lokalen Winde (siehe Kapitel II und III) bereits vermittelt. Doch diese Erkenntnisse reichen nicht, um konkret die Menge an Wind zu bestimmen, die am einen oder anderen Ort vorhanden ist. Dieses »Kapital« ist natürlich mit Blick auf eine künftige Nutzung interessant, beeinflusst aber auch ganz allgemein die Umwelt und Lebensqualität eines Ortes.

Geschwindigkeitsrekorde und sonstige spektakuläre Windphänomene sind nicht unbedingt mit der Effizienz für eine wirtschaftliche Nutzung gleichzusetzen. Beim aktuellen Stand der Windtechnik lieben die Stromproduzenten weder schwache Winde noch zu starken Sturm, sondern bevorzugen bei Weitem gleich bleibende Brisen mäßiger Intensität. Selbst die auf einigen regionalen Karten verzeichnete durchschnittliche Windgeschwindigkeit kann trügerisch sein, denn ein besonders stürmischer Tag, auf den sechs Tage Flaute folgen, ergibt denselben Wochendurchschnitt, als hätte ein Wind mit Stärke 3 oder 4 die ganze Woche durchgängig Tag und Nacht geweht. Die Energieproduktion würde bei diesen beiden Beispielen stark variieren, ebenso würden Anwohner oder Gäste die Windverhältnisse anders wahrnehmen.
Aussagekräftiger für einen bestimmten Bereich ist in dieser Hinsicht die Angabe der prozentualen Winddauer ab einer bestimmten Geschwindigkeit. Dieser statistische Wert bezieht sich häufig auf die Windstärke 4 auf der Beaufortskala (ab elf Knoten Windgeschwindigkeit, das sind etwas mehr als 20 km/h oder etwas weniger als 6 m/s). Er gibt nämlich recht gut das Stadium wieder, in dem der Wind kräftig genug ist, um im Gedächtnis zu bleiben. Bei Windstärke 4 hält es Papiertischdecken nicht

Die fehlende Symmetrie dieser Bäume verrät, dass an der bretonischen Küste beständig kräftige Westwinde aktiv sind.

Wenn die Brise verrückt spielt

Die »Rekordwerte« von Winden sind mit Vorsicht zu genießen, da die Zuverlässigkeit der Daten teilweise zweifelhaft ist. Seit den 1970er-Jahren hat sich die Präzision der Messgeräte deutlich verbessert, und die Meteorologen betrachten ältere Werte eher unter Vorbehalt.

Wir begnügen uns daher an dieser Stelle damit, Werte, die vor mehr als 25 Jahren erhoben wurden, nur zur Erinnerung zu nennen. Die Höchstgeschwindigkeit, die dabei jemals amtlich verzeichnet wurde, lag am 2. April 1958 bei 450 km/h in Wichita Falls im Bundesstaat Texas. Der Anemometer (Windmesser) dieser amerikanischen Wetterstation befindet sich in 310 Meter Höhe und hatte das »Glück«, wenn man es so nennen möchte, dass der Tornado, zu dem diese ungewöhnliche Bö gehörte, genau über ihn hinwegfegte!

Ein weiterer Rekord der »alten Generation« stammt vom 6. November 1966 aus Frankreich: 334,8 km/h auf dem Mont Aigoual (Cevennen, Höhe 1567 Meter). Eine ähnlich hohe Messung von 320 km/h wurde am 15. Februar 1967 auf dem Mont Ventoux in 1909 Meter Höhe aufgezeichnet. Der Wert von 288 km/h, der am 4. November 1965 vom Sémaphore, dem Signalturm am Cap Pertusato (Korsika, an der Straße von Bonifacio) angezeigt wurde, ist ebenfalls unter Vorbehalt zu betrachten.

In neuerer Zeit wurde der höchste Wert, der von Météo France als zuverlässig eingestuft wurde, in der Nacht vom 15. auf den 16. Oktober 1987 in Granville und auf der Pointe du Raz (216 km/h) während eines Unwetters beobachtet, das als das heftigste des 20. Jahrhunderts in Europa gilt. Hierzu ist zu sagen, dass die Bewohner Granvilles diesen Wert für leicht untertrieben halten. Sie mussten mit ansehen, wie sich ihr Anemometer bei etwa 220 km/h in seine Einzelteile zerlegte, und gehen davon aus, dass die Windgeschwindigkeit deutlich höher gewesen sein muss!

216 km/h wurden auch auf Korsika zweimal aufgezeichnet: am 20. Oktober 1986 am Cap Sagro und am 9. Dezember 1993 am Cap Corse.

Während eines weiteren denkwürdigen Unwetters am 26. Dezember 1999 stieg die Windgeschwindigkeit bei Saint-Denis-d'Oléron auf 198 km/h und erreichte am südlichen Stadtrand von Paris immerhin noch 173 km/h (Wetterstation Orly). Die höchsten Geschwindigkeiten, die im Inneren tropischer Wirbelstürme gemessen wurden, lagen bei 305 km/h. Dieser Wert wurde mehrfach erreicht: 1979 vom Wirbelsturm Tip im Nordwesten des Pazifischen Ozeans, aber auch 1969 von Camille im Golf von Mexiko, als er über Louisiana ankam, außerdem noch 1980 von Allen in der Karibik.

‹ Dieses Satellitenbild zeigt, welche erstaunlichen Arabesken im Kielwasser der anhaltenden Winde entstehen, die über Socorro im Pazifik hinwegfegen.

Leuchtturm Tévennec vor Finistère. Er liegt in vorderster Front zum Schlechtwetter und muss jährlich etwa hundert Tage Wind in Sturmstärke ertragen.

mehr ruhig auf dem Tisch, die Fenster schlagen zu, der Strand wirkt ungastlich, wenn es nicht gerade sehr schön und heiß ist, und Segler müssen ihre »far niente«-Haltung aufgeben und sich auf eine etwas sportlichere Herausforderung einstellen. Auch wenn dies noch nichts mit einem Sturm zu tun hat, verleiht eine »steife Brise«, wie die Seeleute dazu sagen, einem Ort eine ganz besondere Atmosphäre. In tropischen Zonen kann das ein Segen sein, beispielsweise auf den Antillen, wo der **Passatwind** die angenehmste und umweltfreundlichste Klimaanlage darstellt. Deutlich unangenehmer äußert sie sich in Regionen wie den nördlichen Britischen Inseln, wo diese Art der Belüftung nur selten fehlt und der Wind meist sehr anhaltend weht. Das verstärkt die typische Kühle dieser Breiten noch zusätzlich und überschattet alle Outdoor-Aktivitäten.

Eine beachtliche Wärmeschleuder

Es ist offensichtlich, dass sich der Wind nicht damit begnügt, bei einem Festmahl für Wirbel zu sorgen, eine Badminton-Partie zu stören oder leicht zerbrechlichen Konstruktionen zu schaden. Der Wind kann auch einen kühlenden Effekt haben, indem die Wärme eines Körpers oder Gegenstands durch die Luftzirkulation um ihn herum schneller zerstreut wird (ganz zu schweigen davon, dass er mit Vorliebe durch leichtere Bekleidung dringt und die kühlende Luft auch unter die Schutzschicht trägt). Diese Gegenstände nehmen also schneller die Umgebungstemperatur an, als wenn sich kein Lüftchen regen würde.

Ein Beispiel, um diesen Vorgang zu verdeutlichen: Befindet man sich bei einer Temperatur von -10 °C und bei Windstärke 4 im Freien, ist der Effekt derselbe, als wenn das Thermometer bei Windstille -20 °C anzeigen würde.

In nordischen Ländern gefrieren auch Wasserflächen sehr viel schneller, wenn sie bei eisiger Kälte dem Wind ausgesetzt sind, als wenn sie windgeschützt wären.

Die Kanadier, die die Auswirkungen von Wind und Kälte besonders stark spüren, haben es sich angewöhnt, in ihren Wetterberichten auch den sogenannten Windchill anzugeben, die durch den Wind verursachte Temperaturabkühlung. Auf einer Skala von 0 bis -71 wird so das komplizierte Verhältnis zwischen der voraussichtlichen Windstärke und der Temperatur berechnet. Damit lassen sich die Unbilden der Witterung, denen man sich aussetzt, sehr viel genauer abschätzen als durch die reine Temperaturangabe. Bei Messziffer 0 ändert sich nichts, ab -10 wird es ungemütlich, und ab -25 können Erfrierungen rasch eintreten. Bei Werten über -45 gilt die Lage als schwierig und ab -60 als gefährlich.

Links:
Das Observatorium auf dem Mont Washington (New Hampshire, USA) zeigt Spuren der extremen Bedingungen, denen es beständig ausgesetzt ist. Dort wurde sogar eine Windgeschwindigkeit von 372 km/h gemessen!
Nebenstehend:
An den Küsten Asturiens ist der Durchzug atlantischer Tiefdruckgebiete deutlich zu spüren.

Ort	Prozentsatz der Windstunden*	Tage mit Wind der Stärken 7 bis 9 **	Tage mit Wind der Stärke 10 oder höher **	Gesamte Tage mit starken Winden	Monate mit den meisten Tagen mit starken Winden	Monate mit den wenigsten Tagen mit starken Winden	Jeweiliger Geschwindigkeitsrekord
Berlin	21 %	83	4	87	Dez. (10) Jan./ März (9)	Juni/Juli/ Okt. (7)	129,6 m/h (36,0 m/s)
Bremen	27 %	80	4	84	März/Dez. (10) Jan./Nov. (9)	Mai/Juli/ Sep./Okt. (6)	151,56 km/h (42,1 m/s)
Dresden	16 %	76	3	79	Jan. (10) Feb./März/ Dez. (9)	Juli/Aug/ Sep. (4)	147,6 km/h (41,0 m/s)
Düsseldorf	21 %	70	3	73	Jan. (9) März/Nov./ Dez. (8)	Februar (6) Mai/Sep./ Okt. (5)	145,08 km/h (40,3 m/s)
Essen	17 %	77	3	80	Jan./März/ Dez. (10)	Mai/Juni/ Sep./Okt. (5)	148,3 km/h (41,2 m/s)
Frankfurt a. M.	13 %	46	1	47	März (6) Jan./Apr./ Dez. (5)	Juli/Aug./ Sep./Okt. (3)	129,6 km/h (36,0 m/s)
Hamburg	25 %	80	2	82	März/Nov./ Dez. (9)	Mai/Sep./ Okt. (6)	140,8 km/h (39,1 m/s)
Hannover	22 %	83	4	87	Jan./März/ Dez. (10)	Feb. (7) Mai/Juli/ Sep./Okt. (6)	129,2 km/h (35,9 m/s)
Köln	12 %	52	2	54	März (7) Jan. (6) Feb./Apr./Nov./ Dez. (5)	Mai/Juni (4) Juli/Sep./ Okt. (3)	129,2 km/h (35,9 m/s)
Leipzig	27 %	80	3	83	Jan./März (10) Feb./Dez. (9)	Juni/Juli/ Nov. (6)	133,2 km/h (37,0 m/s)
München	11 %	52	4	56	Dez. (7) Jan./März (6)	Mai/Juni/ Juli/Aug. (4)	137,5 km/h (38,2 m/s)
Rostock	32 %	118	7	125	Feb. (14) Jan./Dez. (13)	April/Mai/ Sep. (8)	147,6 km/h (41,0 m/s)
Stuttgart	9 %	39	2	41	März (5) Jan./Feb./Apr./ Nov./Dez. (4)	Mai/Juni/ Juli (3)	143,3 km/h (39,8 m/s)

Windhäufigkeit in Deutschland

* jährlicher Prozentsatz, wie oft der Wind mit mindestens Stärke 4 weht
** pro Jahr

Messzeitraum: 1961–1990 außer Leipzig: 1992–2004

(Quelle: Deutscher Wetterdienst)

Unten: Die Vielzahl an Windmühlen auf den Kykladen zeugt davon, welche Kraft der Meltem insbesondere im Sommer entwickelt.

Irland, das auf der Strecke der Tiefdruckgebiete liegt, ist häufiger starkem Wind ausgesetzt als die südlicheren Atlantikzonen.

Die kleinen Grenzmäuerchen zwischen den Feldern auf der irischen Insel Inishmore wirken angesichts der Heftigkeit der Elemente in dieser Region fast lächerlich.

Die guten alten Wetterhähne in Stadt und Land sind zugleich dekorativ und nützlich. Sie bezeugen, dass die Menschen sich schon immer für die Windrichtung interessiert haben.

Windmessungen

Der Wetterhahn ist fast so alt wie die Erde, doch erst im 15. Jahrhundert wurde die erste Vorrichtung erfunden, mit der die Windgeschwindigkeit gemessen werden kann. Wir verdanken sie dem italienischen Architekten Leone Battista Alberti, der 1450 den Einfall hatte, ein bewegliches Brett an einer horizontalen Achse anzubringen – bei Windstille hing das Brett also senkrecht nach unten. Das lose Ende erhob sich nun, wenn der Wind dagegenblies, je nach Stärke umso höher und zeigte auf einer Teilkreisskala die Windgeschwindigkeit an. Der Brite Robert Hooke perfektionierte dieses System 1667, und weitere Wissenschaftler wie die Franzosen Pierre Daniel Huet und Henri Pitot beschäftigten sich mit neuen Messmethoden. Mitte des 18. Jahrhunderts entwickelte zum Beispiel Pitot ein Gerät (noch heute als Pitotröhre bekannt), mit dem Druckänderungen einer Flüssigkeit gemessen werden konnten, die durch eine Röhre floss, woraus sich die Geschwindigkeit der Flüssigkeit ableiten ließ. Die erstaunlichste Erfindung war aber sicher der 1734 von Louis-Léon Pajot, Comte von Orns-en-Bray konstruierte Anemometer mit vertikaler Rotation, der noch im Musée des Arts et Métiers (Kunst- und Gewerbemuseum) in Paris zu sehen ist. Dies dürfte das erste selbstschreibende Gerät zur Datenaufzeichnung gewesen sein. Dank eines bemerkenswert raffinierten Systems konnte es 30 Stunden lang auf einem abrollenden Streifen geschwärzten Papiers Veränderungen der Windstärke und -richtung aufzeichnen!

Mangels geeigneter Einheitswerte hatten die Messungen nur einen relativen Wert. Der Anemometer mit Halbkugelschalen, die sich um eine vertikale Achse drehen, ist heute noch am weitesten verbreitet und wurde 1846 von dem irischen Physiker, Astronomen und Dichter Thomas Romney Robinson entwickelt. Diesen Gerätetyp, der normalerweise fest oben am Mast eines Segelschiffs oder über einer Wetterstation befestigt ist (verbunden mit einer elektronischen Wetterfahne zum Anzeigen der Windrichtung), gibt es inzwischen auch batteriebetrieben in Miniaturausgabe, damit man ihn überall hin mitnehmen kann: Man hält ihn einfach in der Hand und kann die Windgeschwindigkeit an jedem beliebigen Strand damit messen. Bei diesen tragbaren Modellen sind die Schalen oft durch einen kleinen Propeller auf einer horizontalen Achse ersetzt.

Daneben werden heute auch Anemometer mit Glühdraht verwendet. Dabei wird ein Empfänger dem Wind ausgesetzt und gemessen, wie stark er sich abkühlt. Dieser Wärmeverlust nimmt mit der Windgeschwindigkeit zu und ermöglicht es, die Windgeschwindigkeit zu berechnen. Schließlich ist noch immer der gute alte Windsack verbreitet, eines der einfachsten Mittel, um Geschwindigkeit und Richtung des Windes anzuzeigen. Die meisten Modelle weisen fünf rote und weiße Streifen auf, wobei jeder Streifen für fünf Knoten Windgeschwindigkeit steht. Man braucht also nur zu zählen, wie viele Streifen entfaltet sind: Bei nur zweien beträgt die Windgeschwindigkeit zehn Knoten (Windstärke 3), hängt der ganzee Sack schön horizontal, bläst der Wind mit mindestens 25 Knoten (Stärke 6).

Die Vorliebe des Windes für Küsten

Die verschiedenen Karten, die auf diesen Seiten gezeigt werden, ermöglichen eine recht umfassende Übersicht darüber, in welchen Zonen Frankreichs, Europas und der Welt der Wind häufig oder stark und in welchen er selten oder schwach weht. Wenn sich die Angaben auf ganze Kontinente beziehen, ist aber zu beachten, dass die Verteilung nur allgemeine Tendenzen größerer Gebiete aufzeigen kann, ohne lokale Phänomene mit gegensätzlichen Merkmalen vorhersehen zu können.
In Frankreich ist – wenig überraschend – die Umgebung des Golfes von Lion am reichlichsten mit Wind gesegnet, gefolgt von den Küsten der Vendée, der Bretagne und der Normandie. Aquitanien kennt eindeutig weniger Wind, ebenso wie die Mitte und der Osten des Landes sowie das Alpengebiet, natürlich mit Ausnahme der Gipfel. Da die Windgeschwindigkeiten mit der Höhe zunehmen, braucht man nur einen Gipfel zu erklimmen, um Rekordzahlen zu verzeichnen!
In Europa sind die Nordseeküsten dem Wind stark ausgesetzt, und der Anstieg der durchschnittlichen Windstärken an der Westseite Irlands und im Norden der Britischen Inseln zeigt sehr gut, welchen relativ nördlichen Weg Atlantiktiefs üblicherweise nehmen. Umgekehrt erinnert der Abwärtstrend in der Mitte des Kontinents daran, dass der Wind, abgesehen von einigen lokalen Phänomenen, immer weiter nachlässt, je weiter er ins Landesinnere vordringt. Der Mittelmeerraum weist eine sehr kontrastreiche Bilanz auf. Die Häufigkeit starker Winde im westlichen Mittelmeer kann nicht vergessen lassen, dass es dort ebenso oft Flauteperioden gibt. Wer sich den Luftströmungen eher entziehen möchte, sollte die Alpes-Maritimes oder den Golf von Genua dem Küstenbereich der Departements Aude und Hérault oder der Straße von Bonifacio vorziehen. Abgesehen von den stürmischen Böen der **Bora** im Winter, weist die Adria insgesamt ebenfalls wenig Wind in ihrer Bilanz auf, dafür viele Flauten. Nur in der Ägäis finden sich zugleich kräftige und häufige Luftbewegungen, dort stehen auch die unzähligen griechischen Windmühlen.

Regionen mit Luftzug ...

Auf globaler Ebene ergeben sich die Windverhältnisse im Wesentlichen aus den großen Zirkulationsmechanismen, die wir weiter oben angesprochen haben. Wer sich durch starken Wind gestört fühlt, sollte vorsichtshalber den nördlichsten Teil des Atlantiks und des Pazifiks sowie den Streifen zwischen 40° und 60° südlicher Breite meiden. Das Labradormeer und die Davisstraße, die Meerenge zwischen Grönland und Kanada, werden ebenfalls recht kräftig »durchgepustet«. Im äußersten Süden präsentiert sich die Antarktis eher paradox: Höllische Winde entstehen unter anderem durch die heftigen katabatischen Fallwinde von den Bergen, doch andererseits gibt es auch Abschnitte mit gemäßigten Werten.
Abgesehen von den hohen Breiten, verdienen hinsichtlich anhaltender Winde zwei Teilgebiete besondere Erwähnung: die Nordseite Venezuelas und Kolumbiens, hier wehen die **Passatwinde** stärker und beständiger als irgendwo sonst, außerdem der Ostrand des Horns von Afrika an der somalischen Küste.
Hinsichtlich mäßiger, aber sehr regelmäßiger Windversorgung stehen die Tropenregionen im Allgemeinen am besten da, insbesondere dank der **Passatwinde.** Die Kapverdischen Inseln etwa weisen ganzjährig die eindrucksvollsten Windstatistiken des gesamten Atlantikbeckens auf. Im Gegensatz zu vielen anderen Küsten, die den **Passatwind** kennen, gönnt sich der Wind hier praktisch keine Ruhepause, nicht einmal nachts. Dies erklärt, warum sich das kleine Entwicklungsland als eines der ersten für Windenergie interessiert hat. In den warmen Regionen kennen die Küstenstreifen regelmäßige Winde, insbesondere auch wegen des bedeutsamen thermischen Austausches, der sich hier entwickelt. Dies gilt besonders, wenn sich in der Nähe günstig platzierte Reliefs befinden, so etwa an den Ufern des Roten Meeres, wo regelmäßig starke Brisen auftreten.

Im Südwesten Frankreichs herrscht ein relativ ausgeglichenes Klima, seine Strände werden vom Atlantik her nur selten von schweren Unwettern heimgesucht, meist ziehen diese weiter nördlich vorüber.

Somalia (hier Mogadischu) ist leider vor allem für seine Bürgerkriege bekannt. Das Land weist eine doppelte Besonderheit auf: Die Küsten sind einer der Orte, an denen weltweit die meisten Haie leben (vor allem zwischen der Inselgruppe und der Hauptinsel Socotra), außerdem zählen seine Windstatistiken zu den eindrucksvollsten der gesamten innertropischen Zone.

… und solche, denen die Luft ausgeht

Nach dem berühmten Beispiel des *Pot au Noir,* dem Atlantikgebiet mit langanhaltenden Flauten – allgemein Kalmen –, zeichnen sich alle Regionen in Äquatornähe, also in der Innertropischen Konvergenzzone, durch Instabilität aus: Es gibt viele Niederschläge, Schauer mit stellenweise starken und chaotischen Böen, unterbrochen von langen Flauteperioden. Amazonien und Zentralafrika sind – wen würde es überraschen – Regionen mit sehr wenig Wind, denn sie befinden sich zwar in Äquatornähe, außerdem aber mitten auf dem Festland. Die Ufer des Golfs von Guinea hingegen fallen aus diesem Raster, als sie – mit einem Teil Indonesiens – einer der wenigen Küstenbereiche mit minimalem Windaufkommen sind. Die *Doldrums,* nicht zu verwechseln mit dem *Pot au Noir,* bilden eine Zwischenzone, sie liegen zwischen dem 30. und 35. Breitengrad im Nord- wie im Südatlantik. Eingekeilt zwischen zwei regelmäßigen Wettersystemen **(West-** und **Passatwinde)**, befinden sie sich in der Nähe der Azorenhochs und des Sankt-Helena-Hochs und unterliegen dadurch variableren Bedingungen, bei denen durchaus auch Flauten auftreten. Dies erklärt die geringe Wertschätzung, die Schiffsmannschaften früherer schwerer Segelschiffe diesem Ort entgegenbrachten – wörtlich bedeutet der englische Begriff »Missstimmung«, das sagt bereits alles. Man bezeichnete diese Zonen auch als »Rossbreiten«, wahrscheinlich weil die Pferde, die auf den Schiffen zwischen Europa und den Antillen transportiert wurden, die ersten Opfer wurden, wenn sich die Reise in die Länge zog, und Lebensmittel und Wasser knapp wurden.
Unter den Legenden, die sich um solche Flauten und windstille Gebiete ranken, darf auch der Mythos der Sargassosee nicht unerwähnt bleiben. Diese wurde in alten Erzählungen häufig als furchterregender Ort dargestellt, an dem man unendlich lange Zeit ohne Wind in Algenfeldern festsitzen konnte, die von schrecklichen Lebewesen bevölkert wurden. Die Wirklichkeit dieser Zone östlich der Bahamas sieht jedoch etwas anders aus: Zwar sind die langen Braunalgen (Sargassum) vorhanden, und auch Aale kommen zahlreich hierher, um zu laichen, aber weder die Algen noch die Aale behindern die Schifffahrt! Und auch wenn die Bedingungen tatsächlich sehr wechselhaft sein können, ergibt sich aus den Statistiken, dass Zeiten endloser Windstille hier nicht häufiger zu befürchten sind als andernorts.

Der fehlende Wind beeinflusst nicht nur die Umwelt und ihre Farben, sondern auch die Lebensweisen. In Gegenden mit traditionell geringem Windaufkommen (oben auf Papua-Neuguinea, Mitte Thailand) können die Häuser leicht gebaut werden und müssen die Nachbarschaft des Meeres nicht fürchten.

Pilot Chart für den Januar im Nordatlantik. Jede Rosette zeigt den monatlichen Mittelwert der Winde in der jeweiligen Zone an. Die Länge jedes Pfeils gibt den prozentualen Wind aus dieser Richtung an. Ab 29 Prozent wird die Zahl genannt, damit der Pfeil nicht zu lang wird. Die »Anzahl Äste« am Ende gibt den durchschnittlichen Beaufortwert an. Die Zahl in der Mitte entspricht den windstillen Tagen. Hier beispielsweise, vor der Küste der Kanarischen Inseln, ist ein hoher Anteil von Winden aus Nord bis Ost (also Passatwinde) zu beobachten, mit alleine 47 Prozent Nordostwind.

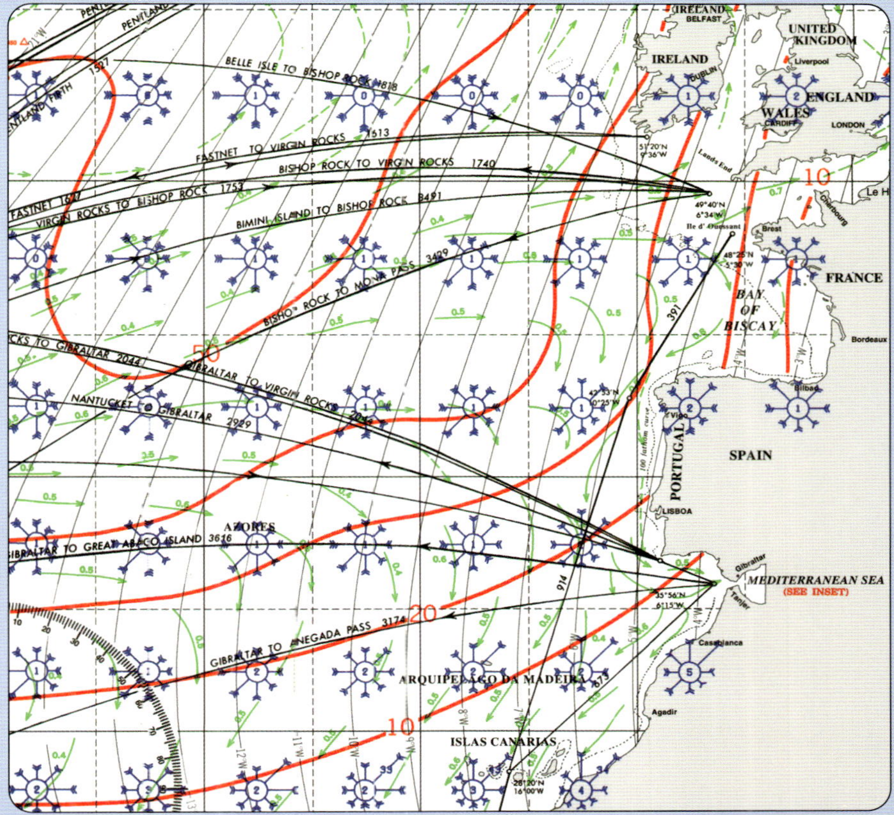

Windvorhersagen mittels Karten

Die erste statistische Studie über den Wind im 19. Jahrhundert verdanken wir einem Leutnant der US-Navy. Matthew Fontaine Maury musste wegen eines Gebrechens im Büro Dienst schieben und kam auf den genialen Gedanken, die Daten aus allen Bordbüchern abzuschreiben, die von Klipperkapitänen im Atlantik, Pazifik und Indischen Ozean ausgefüllt worden waren. Er stellte aus den Angaben zuerst einen *Atlas der Winde und Strömungen* zusammen und vereinte 1854 alle seine Arbeiten in einer *Physischen Geografie des Meeres,* die zu einem maßgeblichen Werk wurde. Dank der vielen Tausend Daten, die ihm zur Verfügung standen, geben die Karten seines Werks für die verschiedenen Jahreszeiten Wahrscheinlichkeitsangaben zur Windstärke und Windrichtung auf den wichtigsten Handelsrouten an. Reeder und Kapitäne nutzen mehrheitlich diese ansehnliche Datensammlung, um ihre Termine und Routen zu optimieren und dadurch bis zu 25 Prozent ihrer Reisezeiten einzusparen. Auf der Route zwischen New York und San Francisco kann die Ersparnis bis zu 50 Tage betragen!

Maurys Werk bildet den Ausgangspunkt für die modernen Seekarten, die noch heute von Seeleuten in aller Welt genutzt werden. Diese Unterlagen, die vom amerikanischen Verteidigungsministerium erstellt werden, präsentieren in Kartenform die Windstatistiken für jedes Meer der Welt in jedem Monat.

Aufgrund der revolutionären Einführung der Computertechnik und der Satelliten in den letzten 25 Jahren sind die Tage der Seekarten aber gezählt. Anfangs erhielt man die Wetterkarten per Fax. Der Empfänger hatte dann selbst die Aufgabe, anhand der Position der Luftdruckzentren die Windentwicklung abzuleiten. Heute sind auch für Privatpersonen die Möglichkeiten fast unbegrenzt. Wer über einen Computer und eine gute Verbindung verfügt, hat über Spezialanbieter Zugang zu Karten, in denen die Windvorhersagen für die kommenden Stunden und Tage abzulesen sind. Die Angaben sind für bestimmte Sonderzwecke mit leistungsfähiger Software kombinierbar: Ein System wie MaxSea beispielsweise kann ständig die beste Route je nach Wetterentwicklung und Schiffsgeschwindigkeit errechnen. Es wird von Hochsee-, aber auch von Sportseglern genutzt, denen Effizienz und Sicherheit am Herzen liegen.

Eine weitere spektakuläre Neuheit in Sachen Windüberwachung ist das 1999 eingeführte satellitengestützte Messsystem QuickScat. Früher konnte die Windgeschwindigkeit nur durch punktuelle Beobachtungen (Wetterstationen auf dem Festland, feste Bojen mit Anemometern) abgeleitet oder anhand komplizierter numerischer Modelle errechnet werden. Dank einer Radarantenne, die auf einer Frequenz von 13,4 GHz ständig einen 1800 km breiten Streifen abtastet, kann QuickScat Oberflächenwinde messen und daraus regelmäßig Karten mit der aktuellen Windverteilung erstellen. Zwar mangelt es dem System an hoher Präzision (es kann nicht unter 3 m/s oder über 20 m/s messen und weist eine Irrtumsbreite von 2 m/s bei der Windstärke und 20° bei der Windrichtung auf), aber es ist ein faszinierendes Hilfsmittel für die direkte Strömungsbeobachtung.

‹ Baie de Ha Long. Die Bucht ist zwar normalerweise gut geschützt, vor Taifunen aber nicht sicher. Sie wird regelmäßig von heftigen Sturmböen heimgesucht.

Osterinsel (Chile). Passatwinde aus östlicher Richtung überlassen das Feld hier schon einma veränderlichen Winden bis hin zu Stürmen aus West bis Süd.

Gestalter der Landschaft

Nachhaltiger Einfluss auf unsere Umwelt

Der Wind prägt Landschaften dauerhaft. Auch wenn er einmal nicht weht, können wir an vielen Hinweisen die Orte erkennen, an denen er häufig zu Gast ist. Nehmen wir einen windstillen Tag an der Küste: Kein Lüftchen bewegt sich, und doch hat der Wind überall Spuren hinterlassen, zum Beispiel in der Vegetation, den schmächtigen Kiefern, die noch auf einigen bretonischen Dünen anzutreffen sind. Die Bäume sind derart daran gewöhnt, sich unter den Windböen zu biegen, dass sie fast quer wachsen und immer die vorherrschende Windrichtung anzeigen, selbst wenn der Wind gerade eine Pause einlegt.

Nicht weniger spektakulär ist der Watapana-Baum – auch bekannt unter dem Namen Divi-Divi-Baum – der zu einem Symbol der Insel Aruba geworden ist, einer der windreichsten Inseln in der Karibik. Trotz seiner offensichtlichen Robustheit wächst sein knorriger Stamm in Bogen, die der Richtung des kräftigen Passatwindes folgen, der über die glattgeschliffene Oberfläche der sogenannten »ABC«-Inseln fegt (Aruba, Bonaire, Curaçao, alle unweit der Küste Venezuelas).

Ein Indiz für kontinuierliche Winde können auch Pflanzen sein, vielmehr ihr Fehlen an manchen Orten. Der Wind ist zwar in der Regel ein wichtiger Verbündeter der Natur, zum Beispiel ein effizienter Sämann, der die Samen von Löwenzahn, Disteln oder Pappeln zu neuen Böden trägt; er kann aber auch die Entwicklung der Pflanzen stören. Ist er zu stark und zu häufig präsent, verhindert er, dass sie Wurzeln schlagen und Triebe ausbilden, oder er begräbt sie ganz einfach unter dem Sand.
Um nur einige Beispiele zu nennen: Das Heideland in der Bretagne oder in Irland oder die öden Hügel der Zykladen sind schon vom Boden her sicher nicht die besten Anbauflächen, daneben trägt aber auch die Eigenwilligkeit des Windes einen Großteil zu ihrer kargen Vegetation bei.

Häuser, die dem Meer den Rücken kehren

Die Anordnung der Wohnhäuser und bestimmte Formen menschlicher Aktivitäten lassen ebenfalls die Merkmale der vorherrschenden Brise erahnen, ohne dass man ihren Atem spürt. Bevor eine neue Generation von Stadtbewohnern mit dem Wunsch nach Weite ihre Fenster zum Meer hin öffnete, hätte es niemand gewagt, sich mit der Hausfassade in diese Richtung zu orientieren. An den Küsten der Bretagne, der Normandie oder der Vendée wenden die alten Häuser den schönsten Panoramen einheitlich nur Blindgiebel zu. Das hat den einfachen Grund, dass aus dieser Richtung die vorherrschenden Winde wehen.

Von oben nach unten: Die Dünen von Jericoacoara in Brasilien, ein Inselchen des San-Blas-Archipels bei Panama und die Küste unweit von Arcachon. Auf dem mittleren Foto lässt sich die Windrichtung bereits an der Lage der Bootsanleger und Boote erkennen: Sie befinden sich geschützt vor den vorherrschenden Winden, die hier von rechts wehen.

In Gegenden, in denen der Wind immer mehr oder weniger aus derselben Richtung weht (was beispielsweise für die **Passatwinde** auf den Antillen oder den **Meltemi** in der Ägäis typisch ist), sind die Angaben Luv oder Lee sehr leicht nachvollziehbar. Die Luvseite (die den Wind vom offenen Meer her abbekommt) unterscheidet sich von der Leeseite (die windabgewandt ist) nicht nur durch ihre spärlichere Vegetation und ihre von der Erosion gezeichneten Reliefs. Auch an der Art der Bebauung wird sie erkennbar. Auf einer Antilleninsel etwa finden sich auf der Atlantikseite, abgesehen von einigen neueren Villen, recht wenige Wohnhäuser. Auf der Karibikseite (also der windgeschützten Seite) ist es völlig anders. Hier haben sich Dörfer inmitten einer üppigen Vegetation ausgedehnt, bestmöglich geschützt hinter Hügeln oder Bergen. Diese den Forderungen der Natur angepasste Verteilung war noch vor Kurzem eine Selbstverständlichkeit. Heute jedoch stellen sie Hotelplaner und Ästheten auf der Suche nach dem Schauspiel des Meeres oder einfach auf der Flucht vor den Massen infrage. Durch die ursprüngliche Wahl des Siedlungsortes konnte man nicht nur aus einer sanfteren Natur Nutzen ziehen, da jeglicher Anbau viel einfacher zu bewerkstelligen war, sondern sicherte sich auch den Zugang zum Meer – für die Völker, die zum Großteil vom Fischfang lebten, ein wesentlicher Punkt. Die gastfreundliche Windstille der Buchten an der windgeschützten Seite steht den luvseitigen Küsten mit hoher Dünung (vorausgesetzt, es gibt keine Lagune) gegenüber, die für Boote und erst recht für größere Schiffe sehr ungastlich sind.

Wind und Niederschläge vereinen ihre Kräfte, um diese Düne im Nordosten Brasiliens nach einem komplizierten, immer wieder neuen System fortwährend umzuformen.

Die Brise diktiert den Bebauungsplan

Es erstaunt also nicht, dass sich die Bevölkerung vor allem an den gastfreundlichen Küsten niederließ, hier im Lauf der Zeit mehr oder weniger große Häfen einrichtete und sich diese in der Folge zu dichten Stadtzentren entwickelten. Städte wie Saint-Pierre oder Fort-de-France auf Martinique oder Pointe-à-Pitre auf Guadeloupe waren so vernünftig, sich auf der windgeschützten Seite anzusiedeln. Dieselbe Logik gilt auch für Port of Spain auf Trinidad, Port-au-Prince auf Haiti, aber auch für Papeete (Französisch-Polynesien) oder Honolulu auf dem Archipel Hawaii, gut geschützt vor den Passatwinden durch die Koolau-Bergkette. Aus diesem Grund weist auch die Pazifikseite der mittelamerikanischen Halbinsel deutlich mehr Häfen und Ballungsgebiete auf als die Atlantikseite, und die Großstädte Irlands wurden alle im Osten und Südosten errichtet. Betrachtet man eine Weltkarte, kann man die vielen Übereinstimmungen zwischen der Ansiedlung von Häfen und Stadtzentren und der jeweils vorherrschenden Windrichtung feststellen. Das bereits weiter oben angeführte Schutzbedürfnis der Ureinwohner ist der Hauptgrund dafür, doch es gibt auch andere historische Faktoren, die erst auf den zweiten Blick mit dem Wind zusammenhängen und gelegentlich eine Rolle spielen. So wurde die Karibikregion Ende des 15. Jahrhunderts sicher wegen ihrer reichen Böden so rasch besiedelt, aber auch die Regelmäßigkeit der Passatwinde hat dabei eine Rolle gespielt, denn diese haben die Region leicht zugänglich gemacht.

Von dieser Regel gibt es jedoch auch vielfältige Ausnahmen: Viele europäische Länder hatten keine andere Wahl mehr und mussten mit den Küsten zurechtkommen, die den **Westwinden** ausgesetzt sind. Ein Beispiel ist Portugal, eine Seefahrernation, die sicher gerne eine mildere Küste gefunden hätte! Mangels einer völlig geschützten Küste haben die Nationen zumindest solche Stellen ausgesucht, die den Kräften der Elemente am wenigsten ausgesetzt sind: Lissabon, Bordeaux, Nantes, Liverpool oder Rotterdam liegen jeweils am Ende von Mündungsgebieten; Brest und Amsterdam fügen sich in regelrechte Binnenmeere ein, und Marseille ist mit seiner Reede vor dem **Mistral** und den stürmischen Ostwinden geschützt.

Linke Seite: Man wagte es traditionell meist nur in geschützten Zonen, Wohnhäuser ans Ufer zu bauen (oben auf den San-Blas-Inseln, Panama), nur selten an ausgesetzten Frontseiten (unten die windzugewandte Küste von Martinique). Moderne Bauten haben sich von solchen Zwängen befreit, um eine immer noch bessere Aussicht auf das Meer zu bieten (Mitte, an der Ostküste der USA).

Oben: In dieser geschützten Bucht von Sainte-Lucie auf Korsika ist der Flair des angenehmen, friedlichen Lebens spürbar, und die einfachsten Hütten werden direkt an den Strand gestellt.
Umso verheerender wirken sich in diesen Gegenden dann Wirbelstürme aus, bei denen der Wind aus völlig ungewöhnlichen Richtungen weht.

Umfangreiches Netz kleiner Mauern auf der griechischen Insel Tinos. Die Menschen haben sich diese Vorrichtungen ausgedacht, um ihre Pflanzenkulturen zu schützen, sei es vor den direkten Auswirkungen des Windes oder vor Überschwemmungen.

Hart vom Wind bedrängt, hat die karge Vegetation beim Leuchtturm Race Point (Massachusetts) Mühe, sich zu halten. Die Zufahrt verschwindet regelmäßig unter dem Sand.

Vorrangiges Ziel der Landwirte: Windschutz

Die Städte wachsen also lieber gut geschützt. Doch das Gleiche gilt für das Land: In windreichen Zonen hat der Mensch immer Schutzsysteme erdacht, um der Pflanzenkultur eine Chance zu geben. Die Steinmäuerchen, die den Landschaften in Irland, Ouessant, dem Cotentin, aber auch in bestimmten Tälern Südfrankreichs ihr Karomuster verleihen, zeigen die einzelnen Parzellen an, versuchen aber zudem, zarte Triebe vor Windböen zu schützen. Büsche und Hecken zwischen den Feldern erfüllen hierzulande denselben Zweck. Die Böschungen, von denen die perfekte Horizontalität der Niederlande unterbrochen wird, dienen nicht nur zum Schutz vor Überschwemmungen, sondern bilden auch nützliche Schutzwälle gegen die starken und häufigen Winde in dieser Region.
Das kunstvollste Schutzsystem findet man sicher auf den Kanarischen Inseln. Dort graben die Weinbauern für jede Pflanze eine Kuhle in die schwarze Erde und errichten, um sicherzugehen, auf der dem Wind zugeneigten Seite noch ein halbkreisförmiges Mäuerchen.
Selbstverständlich ist bereits die Wahl der idealen Schutzmauer ein sehr komplexes Thema, mit dem man ein Buch füllen könnte. Der Wind ist ein besonders flüchtiger gasförmiger Körper, der sich von einem einfachen Holzzaun, der ihm in den Weg gestellt wird, nicht völlig entmutigen lässt. Für Freunde der Siesta oder des Grillens im Garten ist es oft nicht leicht herauszufinden, hinter welcher Mauer sie endlich Ruhe finden werden. Luftströmungen, denen man ein Hindernis in den Weg legt, wehen seitlich oder oben an diesem vorbei und formieren sich ein Stück weiter, nach mehr oder weniger ausgeprägten Turbulenzen, neu zu einem regelmäßigen Luftstrom, je nachdem, welche Merkmale das störende Relief aufzuweisen hatte. Das Prinzip ist dasselbe, das für Windveränderungen größeren Ausmaßes durch lokale Einflüsse gilt (siehe Kapitel III). Die Erfahrung zeigt, dass eine einzelne Mauer den geringsten Schutzschild darstellt, da sich unmittelbar danach Wirbel bilden. Bei gleicher Höhe wird der windgeschützte Bereich deutlich größer, wenn das Hindernis sehr breit ist (Beispiel: eine Mauer, deren Oberkante eine Geländestufe berührt, oder in der Natur eine Klippe, auf die eine Hochebene folgt). Die Luftströmung wird so besser in die Höhe abgeleitet und beeinflusst den Boden hinter dem Hindernis nur geringfügig.

Auf dem Land in Irland weiß nicht nur die Vegetation den Schutz der Mäuerchen zu nutzen!

Die Felsen der Insel Gozo des Archipels Malta zeigen Spuren einer intensiven Erosion, insbesondere durch den Wind.

Seite 130: Jede Zivilisation hat je nach ihren Gewohnheiten und den verfügbaren Materialien ihre eigenen Methoden, sich vor dem Wind zu schützen. Von oben nach unten: ein bretonischer Strand, eine griechische Insel und eine Landschaft auf Hawaii.

In empfindlichen Zonen, wie bestimmten Wüstenregionen Afrikas, wurden ausführliche Studien durchgeführt, um durch Windschutzvorrichtungen bessere Anbauflächen zu schaffen, meist in Form von Baumpflanzungen. Dadurch soll auf den Äckern windbedingt weniger Wasser verdampfen und die Erosion begrenzt werden. Die wirksam geschützte Zone kann sich in ihrer Länge über das Dreißigfache der Hindernishöhe erstrecken, und Fachleute sind zu dem Schluss gekommen, dass der ideale Pflanzenschutzschild nicht zu »dicht« sein sollte. Tatsächlich ergibt eine gewisse Durchlässigkeit der Barriere den besten Kompromiss zwischen Windverringerung und Turbulenzen, außerdem wird so direkt hinter dem Hindernis eine Überhitzung vermieden.

Ein wirkungsvolles Schleifmittel

Der Wind begnügt sich nicht damit, menschliche Werke zu beeinflussen, er kann das Relief auch selbst modellieren. Bei beweglichen Unterlagen gelingt ihm dies sehr schnell (in nur wenigen Wochen hat er eine Düne umgeformt), nicht sofort erkennbar, aber nicht minder eindrucksvoll, formt er Felsen über einen Zeitraum von einigen Zehntausend Jahren. Zwar spielt er entgegen der verbreiteten Annahme bei der Entstehung der spektakulären Gesteinssäulen wie den roten »Hoodoos« im Bryce Canyon im amerikanischen Bundesstaat Utah nur eine Nebenrolle. Diese sind in erster Linie das Werk von Frost und Niederschlägen. Das gilt im Übrigen auch für die berühmten »Cheminées de fée« oder »Demoiselles coiffées« in den französischen Alpen, die sich wie Stalagmiten in die Höhe strecken. Unübertroffen ist der Wind aber, wenn es darum geht, Flächen zu polieren und hier und dort erstaunliche Felspilze entstehen zu lassen. Die Winderosion funktioniert in zwei Schritten: Bodenpartikel werden abgelöst, und die losen Partikel nach ihrem Abtransport als Schmirgelmaterial genutzt. Die erste Etappe ist die Deflation, nicht nur ein von Wirtschaftsfachleuten gefürchteter monetärer Mechanismus, sondern auch das Phänomen, bei dem der Wind eine Fläche aushöhlt, indem er ihr die lösbaren Elemente entzieht. Sand, Salz, Schluff und Kies werden anschließend vom Wind davongetragen, die leichtesten Stoffe durch Suspension (fliegen mit dem Wind), die schwersten durch Saltation (kleine Sprünge) oder Geschiebe (Rollen über den Boden). Diese Ladung beeinflusst die Abrasionsfähigkeit (= Abschabungsfähigkeit) des Windes und bestimmt die Korrasion (vom lateinischen corradere, »abkratzen«).

‹ Algerische Wüste. Die raschere Zersetzung an der Basis dieses Felsens beruht auf ihrer geringeren Härte und der korrosiven Aktivität der Sandkörner in Bodennähe.

Grand Canyon. Das Erscheinungsbild des Reliefs hängt letztlich stark von den Niederschlägen, dem Frost und natürlich der vom Wind hervorgerufenen Erosion ab.

Vielfältige Bodenbefestigungen

Die Winderosion verändert Landschaften nicht nur augenscheinlich, sie hat offensichtlich auch Folgen für den Zustand der Böden und das Leben der betroffenen Bevölkerung. Neben Barrieresystemen zum Schutz der Pflanzungen werden alle möglichen Vorrichtungen eingesetzt, um die Bewegung von Sedimenten einzuschränken. Das beginnt bei speziellen Ackerbautechniken, etwa der sogenannten Methode des Balkenpflügens, bei der kleine schützende Erhebungen entstehen. Eine andere Alternative ist die Anpflanzung spezifischer Pflanzen, um Schluff und Sand zu befestigen oder der in Afrika bei Hirse und Sorgho verbreiteten Praxis, einige Restpflanzen im Beet zu lassen. An einigen Stellen untersucht man sogar die Möglichkeit, den Zusammenhalt des Bodens zu verbessern, indem man Zusätze darüberstreut, die das Ganze verfestigen und damit den »Höhenflug« von Sand und Staub verhindern sollen.

Der Versuch der Küstenbewohner, die Dünen zu befestigen, ist nicht neu: An der südlichen Atlantikküste Frankreichs hat man bereits im 16. Jahrhundert begonnen, den Sand zu diesem Zweck zu bepflanzen! 1786 hat der Tiefbau-Ingenieur Nicolas Brémontier die systematischen Arbeiten zur Befestigung der Küstenstreifen eingeleitet. Die Technik bestand darin, Strandhafer und -kiefern auszusäen. Dabei wurden die Samen anfangs mit Ginsterzweigen oder Reisig bedeckt, um ihnen das Anwachsen zu erleichtern. Auf diese Weise wurden in weniger als 100 Jahren rund 80 000 Hektar bearbeitet. Die Vegetation schützte man zusätzlich durch künstliche Küstendünen. Dazu stellte man Palisaden auf, in denen sich der Sand verfing.

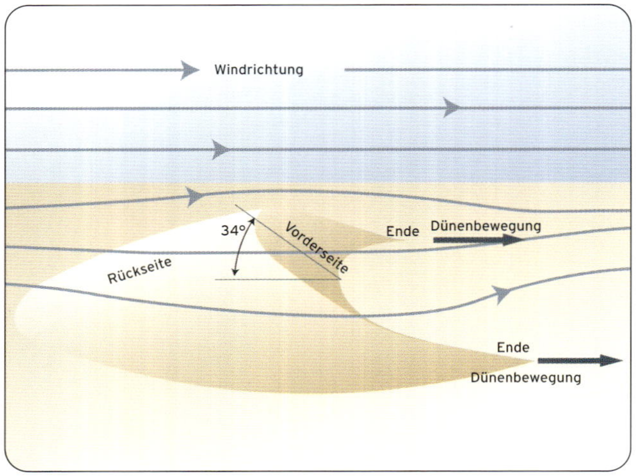

Die Wanderung eines Barchans (Sicheldüne)

Diese Düne in Form eines Hörnchens bewegt sich unter der Wirkung des Windes unablässig in Richtung ihrer Enden voran. Der Sand der Rückseite wird zum Kamm geschoben und fällt auf der Vorderseite herab, sobald die Neigung 34° übersteigt. Gleichzeitig bewegt sich der Sand an den Enden stetig vorwärts.

Wanderdünen und Schneebretter

Der Sedimenttransport verläuft weitgehend immer nach demselben Schema, ob es sich nun um einfache Rippelmarken oder kunstvolle Dünen handelt. Von dieser gleichmäßigen Bewegung der Dünenbildung vermittelt der Barchan, der sich auf harten Böden bilden kann, die von einer dünnen Sandschicht bedeckt sind, einen guten Eindruck. Diese Sicheldüne dreht dem Wind den Rücken zu und streckt ihre Enden unaufhörlich in die entgegengesetzte Richtung. Der »Körper« folgt langsamer, dabei verfrachtet der Wind ständig neuen Sand auf den Grat, wo er sich kurz als Verwehung anhäuft, bevor er auf der Leeseite herabfällt, die auch als Lawinenseite bezeichnet wird. Dabei ist gelegentlich der Brummton der berühmten »Singenden Dünen« zu hören. Sicheldünen verschieben sich unerbittlich, sie sind sogar in der Lage, ein Dorf zu durchqueren, und kollidieren gelegentlich, wenn sie sich in unterschiedlicher Geschwindigkeit fortbewegen. Die kleinsten sind dabei am schnellsten, sie können pro Jahr mehrere Hundert Meter zurücklegen!
Auf Böden mit dicken Sandschichten entwickeln sich luvseitig beinahe senkrechte Dünengürtel. Bläst der Wind abwechselnd aus unterschiedlichen Richtungen, kann man die Entwicklung von Sterndünen beobachten.

Die verschiedenen Dünenarten

Mäßiger Wind über einem sehr sandigen Gelände führt normalerweise zur Bildung von relativ stabilen Transversaldünen (Reihendünen, links). Bei einem harten Boden mit wenig Sand findet man eher Sicheldünen, die deutlich wandern (Zeichnung 2).

Bei sehr viel Sand und starkem Wind entstehen Längsdünen (Longitudinaldünen), zum Teil mit schrägen Abhängen, wenn der Wind nicht immer aus derselben Richtung weht (Zeichnung 3). Bläst der Wind abwechselnd aus allen Richtungen, bilden sich Sterndünen.

In empfindlichen Zonen lernt man inzwischen, diese natürlichen Mechanismen zu zähmen und zur Bildung künstlicher Schutzdünen einzusetzen (beispielsweise vor einer Oase). Hierzu werden Hindernisreihen errichtet, die nicht besonders hoch sind. Man weiß nämlich, dass 95 Prozent des Sandes, der vom Wind aufgewirbelt wird, in höchstens 30 Zentimeter Höhe vom Boden in der Schwebe gehalten wird.
Im Gebirge bilden sich die gefürchteten Schneebretter nach einem ähnlichen Prinzip wie die Dünen. Der Schnee wird vom Wind über den exponierten Hang bis zur Gratlinie getragen. Dort bilden sich Turbulenzen, und der Wind verlangsamt sein Tempo. Dadurch fällt ein Gutteil des Schnees herab und häuft sich oben auf dem geschützten Hang an, wodurch günstige Bedingungen für die Auslösung einer Lawine entstehen. Doch Vorsicht, dieser Umstand bedeutet nicht, dass es nach einer windstillen Periode keine Lawinen geben kann.

Bildung eines Schneebretts

Sobald der Wind den Kamm überwunden hat, verliert er an Tempo, wodurch Turbulenzen entstehen. Diese verursachen die Ablagerung von Schnee aus der Luft (A). Oben auf der windabgewandten Seite des Reliefs entsteht dadurch eine sehr dicke, instabile Schneeschicht (B) und damit ein hohes Lawinenrisiko.

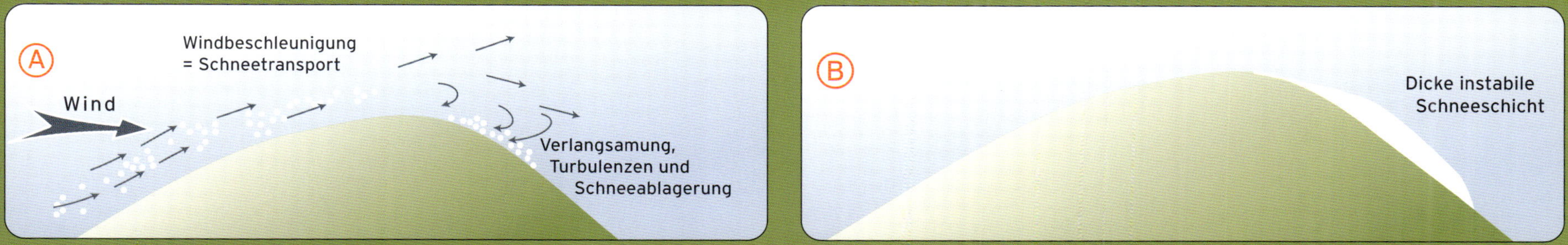

‹ Der Wind, der über die Küsten Nordwesteuropas hinwegfegt, macht den Menschen das Leben nicht gerade leicht, doch er hat eine Architektur von unbestreitbarem Reiz gefördert.

Der Fluss gräbt sich in den Boden, der Wind verschiebt die Sandhügel nach Gutdünken, und in Verbindung mit einem Regenguss kann es hier morgen ganz anders aussehen.

Gefürchtetes Naturereignis

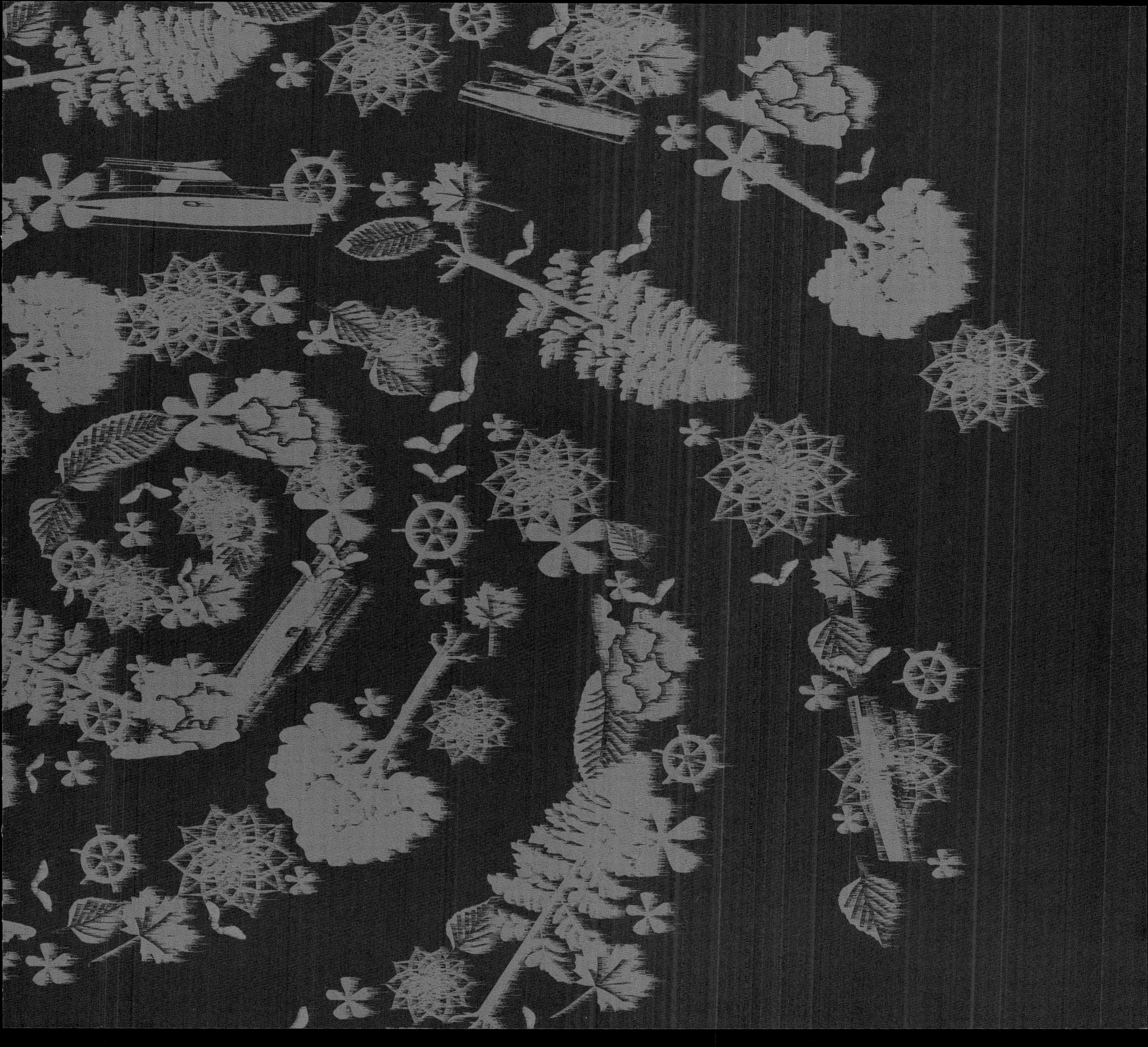

Das Pech tropischer Regionen

Die größten Schäden verursacht der Wind nicht in den Regionen, in denen er ganzjährig heftig tobt. Die wenigen Bewohner dieser Länder verdanken es keinem glücklichen Zufall, dass sie überleben, sondern sie haben gelernt, mit der Situation umzugehen und ihre Häuser und Gewohnheiten diesem alltäglichen Geschehen anzupassen. Anders sieht es dagegen in Regionen aus, die vom Himmel scheinbar begünstigt sind und in denen Stürme, die für Verwüstungen sorgen, eher die Ausnahme bleiben.

In Regionen, die der Wind eher vernachlässigt, verhalten sich die Auswirkungen extremer Sturmereignisse umgekehrt proportional zur Vorbereitung der Bevölkerung: Zwar nimmt die Furcht vor einer Naturkatastrophe im Kollektivbewusstsein betroffener Zonen großen Raum ein, durch den Zufallscharakter der Bedrohung wird sie dennoch zu einer eher zweitrangigen Sorge. Selbst dort, wo Wirbelstürme häufig auftreten (in der Karibik im Mittelwert der letzten 50 Jahre neunmal pro Jahr), wird das Risiko als nicht sehr hoch empfunden, weil die Stürme nicht immer dasselbe Ziel treffen. Während der letzten 25 Jahre wurde etwa Guadeloupe fünfmal heimgesucht, Martinique in dieser Zeit nur dreimal.

Obgleich die Häfen und Ortschaften der Shetlandinseln den schlimmsten Stürmen der Nordhalbkugel ausgesetzt sind, werden dort letztlich nur geringe Schäden festgestellt. Die Zerstörungskraft des Windes bekommen einige Flussarme Dominicas oder der Golf von Tonkin bei Weitem stärker zu spüren – Orte, an denen es normalerweise so windstill ist, dass eine Blechhütte direkt am Flussufer oder ein Hausboot eine absolut sichere Unterkunft zu sein scheint.
Wer hier über das Wetter als gefürchtetes Naturereignis spricht, meint normalerweise einen Hurrikan. Mit diesem Begriff wird landläufig die höchste Stufe einer Störung bezeichnet. Dieses Phänomen, das durch die Windstärke Schrecken verbreitet, ist jedoch nicht das einzige gefürchtete Ereignis aus dem Repertoire der Windrisiken.

Schlechtwetter: ein dehnbarer Begriff

Der gute alte konventionelle Sturm unserer gemäßigten Breiten hat während vieler Generationen bei den Anwohnern des Atlantiks, des Ärmelkanals, der Nordsee und des Mittelmeers Ängste geschürt. Während er heute an Land kaum noch Probleme mit sich bringt (abgesehen von einigen herabgefallenen Dachziegeln, entwurzelten Bäumen oder vereinzeltem Stromausfall), bleibt er für alle, die auf dem Meer unterwegs sind sowie deren Angehörige ein Grund zur Sorge.
Zwar ist es heute dank technischer Fortschritte äußerst selten geworden, dass ein Handelsschiff, das sich in gutem Zustand befindet, allein durch Schlechtwetter in Schwierigkeiten gerät. Schiffbrüche werden fast immer durch Havarien – meist aufgrund mangelhafter Instandhaltung – oder durch Navigationsfehler verursacht. Doch Sturm (ab Windstärke 8) oder Unwetter (Windstärke 10 und höher) sind noch immer Risikofaktoren, die keinem Seefahrer Vergnügen bereiten – und sei es nur, weil Zeit verloren geht oder eine Kursänderung nötig wird. Am stärksten sind die Arbeiter

im Bereich des professionellen Fischfangs gefährdet, denn hier sind manövrierende Schiffe besonders gefährdet, erst recht, wenn die Mannschaft bei bereits grenzwertigen Bedingungen weiterfischt. Die Angst vor schlechtem Wetter beruht hier leider auf einer dramatischen Realität: Die Sterblichkeitsrate von Fischern auf ihren Schiffen ist zehnmal höher als in der übrigen Arbeitswelt.

Für den Sportsegler bleibt der Ausbruch eines Sturms das Damoklesschwert, das jedem In-See-Stechen einen gewissen Ernst verleiht. Dies gilt besonders, wenn es sich um ein mittelmäßiges oder anfälliges Boot und eine unerfahrene Mannschaft handelt, denn die Beurteilung von Schlechtwetter auf dem Wasser ist außerordentlich subjektiv. Ein australischer Skipper eines soliden, 16 Meter langen Regattasegelboots, der es gewöhnt ist, in jeder Jahreszeit zwischen Sydney und Tasmanien unterwegs zu sein, ist normalerweise darauf vorbereitet, mit dem Schlimmsten fertig zu werden. Zwar gefällt es ihm nicht, aber es ist ihm vertraut, bei 40 Knoten Windgeschwindigkeit zu segeln, weiß, was zu tun ist, wenn die Geschwindigkeit auf 50 Knoten steigt, und wird in der Lage sein, sich richtig zu verhalten, sollten ihn einmal gar 60 Knoten umwehen.

Die friedliebende Mannschaft eines kleinen, nicht sehr leistungsfähigen Kreuzers wird die Latte deutlich tiefer hängen und unruhig auf jede Ankündigung von Windgeschwindigkeiten über 20 Knoten achten. In diesem Fall müsste sie aufs Segeln verzichten oder - was viel schlimmer wäre - hätte auf See mit ernsthaften Problemen zu rechnen, falls sie die Wetterentwicklung nicht rechtzeitig erkannt hätte. Die Sorgfalt, mit der Sportsegler sich mit dem Wetterbericht befassen - und wie viel Geld sie in elektronische Informationssysteme investieren -, zeigt allein schon, wie groß die Furcht vor stürmischem Wetter noch immer ist.

Beachtliche Druckverhältnisse

An Land gibt es also kaum mehr Angst vor den »klassischen« Stürmen. Einmal abgesehen von der Gefahr, dass einem ein abgebrochener Ast auf den Kopf fällt, oder von den Vorsichtsmaßnahmen, die man während des Autofahrens bei heftigen Böen walten lassen sollte, ist von einem anständigen Sturm weder in der Stadt noch auf dem Land viel zu befürchten.

Klassifizierung der Wirbelstürme

Es gibt viele Namen für ein und dasselbe Phänomen: Die Amerikaner nennen es Hurrikan, nach dem spanischen *huracan:* Dieser Begriff stammt von *Hunraken* ab, dem Gott des Windes und der Stürme in der Karibik, dessen Zorn gefürchtet war; auch das Wort Orkan ist darauf zurückzuführen. Die Philippiner wiederum nennen das Ereignis *Bauio* und die Australier *Willy-Willy.* An den Küsten des Fernen Ostens kennt man es unter der Bezeichnung *Typhon* (vom chinesischen *tai fung,* »großer Wind«), und an bestimmten Orten im Golf von Mexiko und auf den Großen Antillen spricht man noch vom *furicano* oder *hurleblast.* Nicht zu vergessen weitere Namen wie Taifun oder tropischer Zyklon (vom griechischen *kuklos* »Kreis«), der recht aussagekräftig ist.

Alle Bezeichnungen entsprechen mehr oder weniger dem, was die Meteorologische Weltorganisation offiziell als Orkan definiert und womit sowohl jede Art von Sturm gemeint ist, der die Windstärke 12 erreicht, als auch die höchste Kategorie tropischer Störungen. Die beiden weiteren Bezeichnungen lauten: tropischer Sturm (bei Windstärken zwischen 8 und 11) und tropisches Tief (der Wind erreicht höchstens Stärke 7).

Die tropischen Wirbelstürme selbst werden anhand der Saffir-Simpson-Skala nach dem vorherrschenden Luftdruck und den beobachteten Winden in fünf verschiedene Gruppen unterteilt.

Kategorie	Stufe 1	Stufe 2	Stufe 3	Stufe 4	Stufe 5
Luftdruck in hPa	> 980	965-979	945-964	920-944	< 920
Wind in km/h	118-153	154-177	178-209	210-249	> 249

‹ Diese Windhose mit fast 200 Meter Durchmesser besteht aus Wasser- und Luftpartikeln in einer aufsteigenden Wirbelbewegung. Unten wird der Schaum in die Luft geschleudert.

Saint-Guénolé. An der Küste des Finistère scheinen Felsen und Bewohner schon immer darauf eingerichtet zu sein, den Winterstürmen zu trotzen.

Diese abgeklärte Haltung ist jedoch fehl am Platze, sobald es sich um tropische Wirbelstürme oder vergleichbare Ausnahmeerscheinungen handelt. Hier einige Zahlen, die eine Vorstellung von den vorherrschenden Windstärken vermitteln können: Von den zahlreichen Tiefdruckgebieten, die jedes Jahr den Nordwesten Frankreichs erreichen, erzeugen die mächtigsten durchschnittliche Windgeschwindigkeiten zwischen 75 und 90 Kilometer pro Stunde (in Böen können die Geschwindigkeiten deutlich höher liegen). Im Durchschnitt bringt es eines dieser Tiefs gelegentlich auf Windgeschwindigkeiten über 90 Kilometer pro Stunde, was aber nicht unbedingt jedes Jahr der Fall sein muss. Bei einem tropischen Orkan jedoch werden üblicherweise Geschwindigkeiten von über 180 Kilometern pro Stunde beobachtet. Da wir wissen, welchen Lärm bereits die »klassischen« Stürme verursachen, ist leicht vorstellbar, von welchem Höllenlärm und welchen Vibrationen tropische Wirbelstürme begleitet werden. Um nun den Druck einordnen zu können, dem Menschen, Gebäude und Fahrzeuge ausgesetzt sind, muss man wissen, dass der vom Wind ausgeübte Druck proportional zum Quadrat seiner Geschwindigkeit ist. Wind mit 100 Kilometer pro Stunde übt also viermal mehr Druck aus als Wind mit 50 Kilometer pro Stunde. Bei extremen Windgeschwindigkeiten, wie sie bei Wirbelstürmen zu beobachten sind, kann ein normal gebauter Mensch (2 Meter groß/0,5 Meter breit) dem Druck nicht widerstehen und wird weggeweht: Bei 240 Kilometer pro Stunde übt der Wind einen Druck von 310 Kilogramm pro Quadratmeter aus!

Ausnahmephänomene

Auch in gemäßigten Breiten gibt es Phänomene außerhalb der Norm: In Deutschland waren die Stürme vom Dezember 1999 und Januar 2007 spektakuläre Beispiele. 1999 war der Orkan Lothar mit einer Geschwindigkeit von 250 Kilometern pro Stunde unterwegs, 2007 das Orkantief Kyrill mit über 120 Knoten (bis zu 225 Kilometer!) pro Stunde.
Während aber die Geschwindigkeiten und folglich die möglichen Schäden tropischer Orkantypen mit denen in gemäßigten Klimazonen vergleichbar sind, funktionieren sie doch nach einer völlig unterschiedlichen Logik.
Die tropische Version vom Typ Wirbelsturm ist ein konvektives Tief. Das heißt, der Wirbelsturm bildet sich über einem warmen Meer (mindestens 26 °C). Über ihm lässt die Verdunstung warme und feuchte Luftmassen entstehen – also solche mit niedrigem Druck und der Entwicklung von Wolkenmassen. Diese Luftmassen kondensieren, setzen dabei Wärme frei und verleihen dem Phänomen noch mehr Energie. Wiederum gibt eine Folge der Erdrotation, die Coriolis-Kraft, den Initialimpuls, der das System des Wirbelwinds auslöst. Je mehr Wasser sich unter dem Zyklon befindet, desto mehr Energie erhält er. Dies erklärt, warum er ziemlich rasch nachlässt, sobald er einen Kontinent erreicht.
Der Sturm in gemäßigten Breiten ist dagegen eine Störung, die durch das Aufeinanderprallen einer Kaltluft- mit einer Warmluftzone entsteht. Zwischen den Fronten kommt es zu einer Wellenbewegung, aus der sich ein Windsystem bildet, das sich um dieses Tiefdruckzentrum dreht. Dieses Phänomen nennt man Zyklogenese. Für Meteorologen ist ein Tief nichts anderes als eine riesige thermische Maschine, die nur ein Ziel verfolgt: so schnell wie möglich ihre Kraft in Form kinetischer Energie loszuwerden (also durch Fortbewegung und die Produktion starker Winde), um das Gleichgewicht der Atmosphäre wiederherzustellen. Dieser Mechanismus gilt auch für katastrophale Stürme wie die von 1999 und 2007.

Segelboote, die bei La Rochelle ans Ufer geworfen wurden, Häuser in Florida, von einigen Windböen wortwörtlich umgepustet, Durchzug des Orkans Carol bei New York 1954 und der Alptraum aller Regionen, in denen der Wind die Flammen anfacht. Das Vernichtungspotenzial des Windes ist beängstigend.

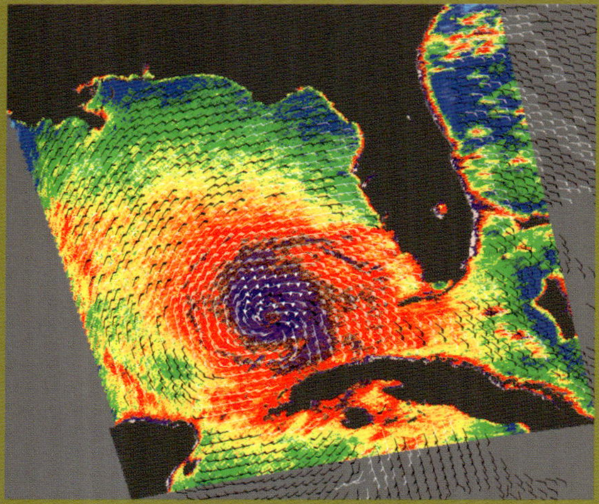

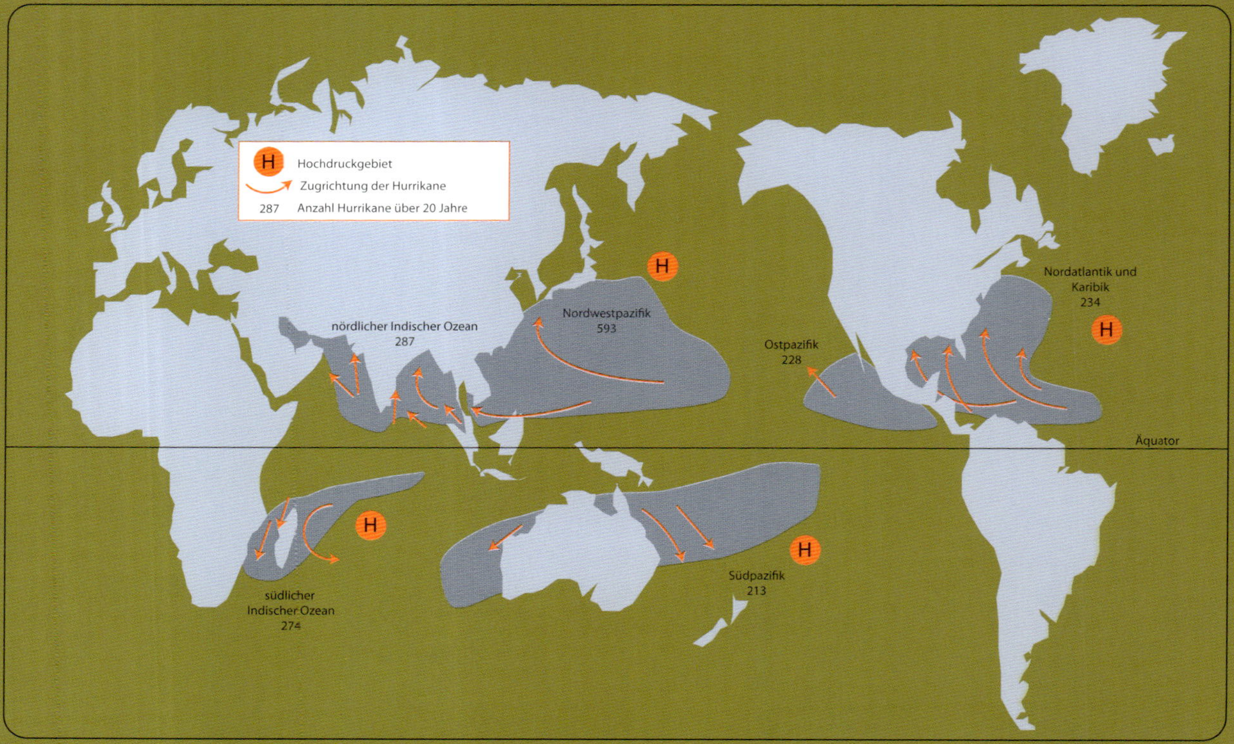

Die Zugrichtung der Hurrikane

Man findet das Phänomen »Hurrikan« nur in den Tropenregionen, weil zu seiner Entstehung zwei Bedingungen nötig sind: eine große Menge warmes Wasser (die dünne Schicht Wasser, die sich über den sandigen Böden europäischer Küstenstrände bei Flut erwärmt, reicht dazu nicht aus!) und eine Mindestentfernung vom Äquator von fünf Breitengraden, damit die Coriolis-Kraft spürbar wird. Wie kann man diesem Phänomen aus dem Weg gehen? Indem man eher auf die Meteorologen als auf die Tourismusfachleute hört, die in der Nebensaison gerne für volle Hotels sorgen. In den sieben betroffenen Zonen (siehe Karte oben) wurden die Risikomonate vermerkt. Begibt man sich in dieser Zeit dorthin, wird man nicht zwangsläufig, aber mit höherer Wahrscheinlichkeit eine Naturkatastrophe erleben. In der Karibik, wo pro Jahr durchschnittlich mehr als fünf Hurrikans beobachtet werden, liegt die fragliche Periode zwischen Juli und November. Statistisch erreicht die Hurrikanaktivität zwischen September und Oktober ihren Höhepunkt, es kann aber durchaus vorkommen, dass sich ein Hurrikan Ende Juni oder Anfang Juli und sogar noch Anfang Dezember ankündigt.

Der Nordwestpazifik gehört zu den am meisten betroffenen Gebieten, nicht nur was die Häufigkeit (16 pro Jahr), sondern auch was die Länge der Schlechtwetterphase betrifft: Von April bis November muss man in der Region zwischen der chinesischen Küste und den Inseln von Hawaii mit Hurrikans rechnen.

Der Nordostpazifik (vor Mexiko und Kalifornien, fast neun Hurrikans pro Jahr) weist von Mai bis Oktober eine Hurrikanaktivität auf. Weiter Richtung Südwestpazifik (vier Hurrikans pro Jahr) kehren sich die Jahreszeiten um: Hier liegt die kritische Phase zwischen November und April, dabei ist normalerweise die Aktivität im Westen dieses Bereichs (zwischen den Fidschi-Inseln und der Nordostküste Australiens) intensiver als im Osten, in Polynesien bleiben solche Ereignisse hingegen relativ selten. Weitgehend dieselbe Wahrscheinlichkeit und dieselbe Periode (November bis April) findet man im südwestlichen Indischen Ozean bei Madagaskar, La Réunion und Mauritius. Dasselbe gilt für die Zone nordöstlich von Australien im Bereich der Timorsee.

Auf der Nordhalbkugel gelten der Golf von Oman und der Golf von Bengalen zwischen April und Juli als Gefahrenzonen.

In all diesen Zonen sind die Warnsysteme heute sehr gut ausgebaut und effektiv. Normalerweise wird ein Hurrikan mindestens 48 Stunden im Voraus angekündigt.

Linke Seite: QuickScat-Bild von Hurrikan Rita im Golf von Mexiko im September 2005 (unten rechts die Insel Kuba, oben Florida). Deutlich erkennbar ist die Drehrichtung des Windes gegen den Uhrzeigersinn um die violette Zone, dort, wo der Wind am heftigsten wütet. Immer noch stark sind die Winde im roten Bereich, mäßig im gelben und grünen Bereich; in der blauen Zone weht er dagegen nur noch schwach.

Oben: Der Südosten der Vereinigten Staaten ist besonders von unangenehmen klimatischen Überraschungen betroffen, ob es sich wie hier um den Durchzug eines Hurrikans oder die Bildung von Tornados handelt.

Der heftige Wind und die Dünung haben eine Schwachstelle des Ankers dieser riesigen Fahrrinnenboje ausgenutzt und sie im Dezember 1999 an einen Strand der Atlantikküste geworfen.

Stürme bringen nicht nur Menschen und Gebäude ins Wanken. Die häufig ergiebigen Niederschläge, die sie mitführen, können wie hier in der Bretagne bei Redon auch große Gebiete überschwemmen.

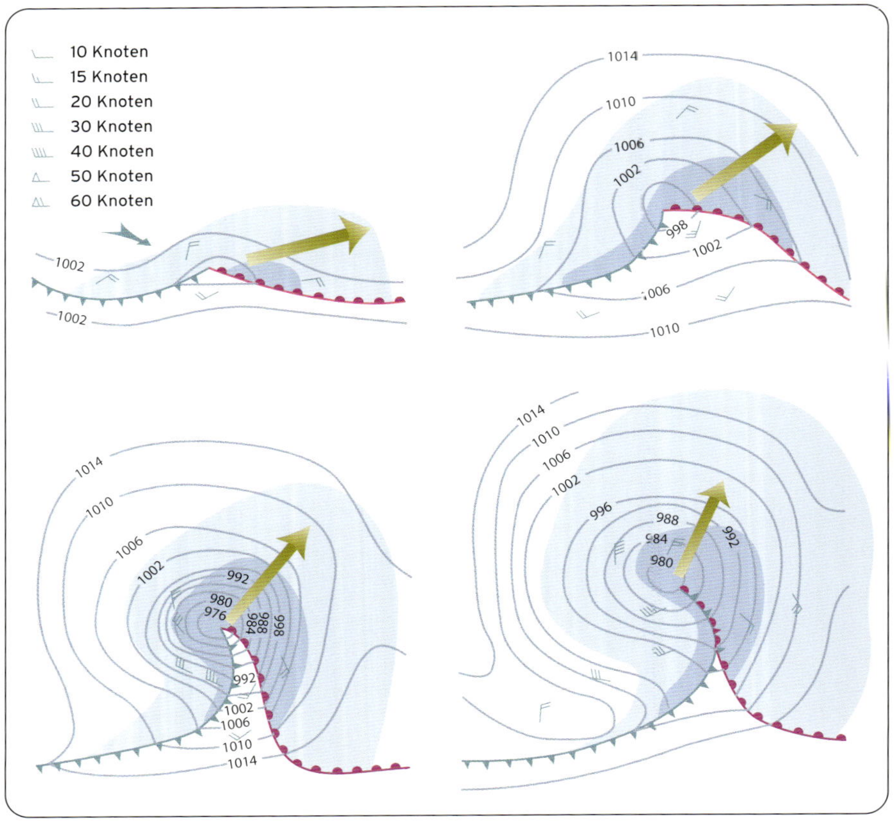

Ein Tief entwickelt sich

Zu Beginn eines derartigen Ereignisses kommt es zu einer wellenförmigen Störung der Grenzlinie zwischen einer Warmluftmasse (oben links Skizze 1) und einer Kaltluftmasse. Dies ist der Beginn der Zyklogenese. Verstärkt sich diese wellenförmige Störung, entstehen eine Warm- und eine Kaltfront (rechts bzw. links auf Skizze 2), das Tiefdruckgebiet vertieft sich rasch und bewegt sich unter Mitwirkung der Druckverhältnisse und der Coriolis-Kraft durch seine eigene Energie fort. So kommt ein gewaltiger thermischer Motor in Gang!
In Skizze 3 verstärkt die Einengung der Warmluftzunge durch die beiden Kaltluftmassen in ihrer Umgebung das Absinken des Luftdrucks. Um das Zentrum des Tiefdrucks, das sich in Pfeilrichtung bewegt, herum sind die Winde heftig.
In der letzten Zeichnung hat die Kaltfront die Warmfront eingeholt. Damit beginnt die Okklusion, der warme Bereich hebt sich vom Boden: Die Winde sind noch stark, das Ende des Tiefdruckgebiets ist jedoch in Sicht.

Starke Winde und Springfluten

Entgegen einer weit verbreiteten Meinung besteht kein Zusammenhang zwischen den Gezeiten und der Schlechtwetterhäufigkeit. Zum Zeitpunkt der Springflut bei der Tagundnachtgleiche im März und September – sind Tag und Nacht weltweit gleich lang – nun ist das Risiko eines schweren Sturms nicht höher als zu jedem anderen Zeitpunkt im Jahr! Der Irrtum beruht wahrscheinlich auf der Tatsache, dass beim Zusammentreffen beider Ereignisse die Schäden größer ausfallen können. Dafür gibt es folgende Erklärung: Bei einem Tief übt die Luft geringeren Druck auf die Wasserfläche aus, der Meeresspiegel kann daher höher liegen als normal. Es sind dann häufig Werte zu beobachten, die den normalen Stand um 20 bis 30 Zentimeter übersteigen (umgekehrt kann bei einem Hoch die Flut unter dem erwarteten Wert bleiben), theoretisch steigt der Meeresspiegel pro einem Hektopascal Druckverlust um einen Zentimeter. Fällt dieser Tiefdruck mit der Flut zusammen – mit einem Zeitpunkt also, wo das Meer seinen Höchststand erreicht –, kann dies an einigen Stellen für eine Überschwemmung ausreichen.
So weit die rein statistische Beobachtung dieses Phänomens. Betrachtet man es unter einem dynamischeren Blickwinkel, können die Wirkungen deutlich eindrucksvoller sein, denn das Ansteigen des Wasserspiegels direkt im Zentrum des Tiefs kann tatsächlich eine Sturmwelle auslösen. Diese vereinigt sich eventuell mit der Oberflächenströmung, die entsteht, wenn heftiger Wind eine gewisse Zeit in dieselbe Richtung weht. An der Küste äußert sich dies durch ein plötzliches und starkes Ansteigen des Wasserspiegels. Diese berühmten »Sturmfluten« tragen dazu bei, die Auswirkungen von Sturmtiefs und Wirbelstürmen zu verschärfen, denn sie führen zu einem Ansteigen des Wasserspiegels von manchmal mehreren Metern. Besonders spürbar wird dies an flachen Küsten von Gewässern geringer Tiefe, insbesondere in Bangladesch und einem Teil Chinas. Dort hat man schon ein Ansteigen der Wasserspiegel um mehr als fünf Meter beobachtet, was zu katastrophalen Überschwemmungen führte. Auch das Mississippidelta gehört zu den bevorzugten Opfern: 1969 stieg der Wasserspiegel durch den Wirbelsturm Camille plötzlich acht Meter über den Normalwert an! Und auch die europäischen Küsten sind nicht davor geschützt. Bei dem Unwetter am 16. Oktober 1987, das Großbritannien und Frankreich heimsuchte, wurde ein um zwei Meter höherer Wasserspiegel gemessen als normal. Zum Glück war zu der Zeit Ebbe, bei Flut wären zusätzlich zu den direkten Windschäden denkwürdige Überschwemmungen entstanden.

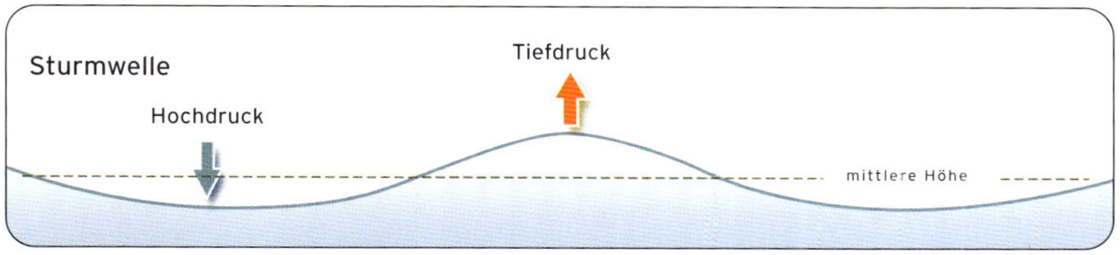

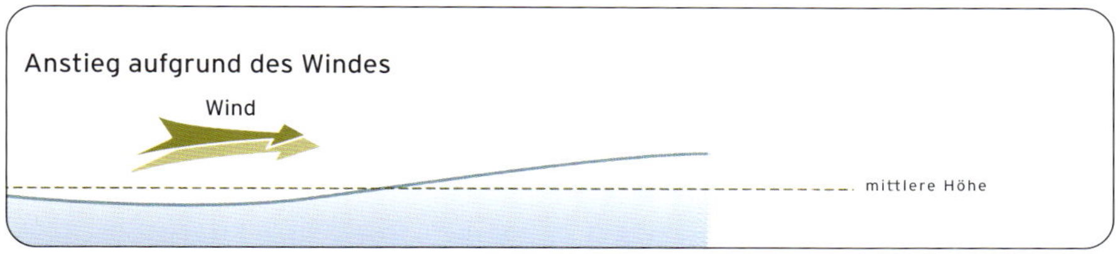

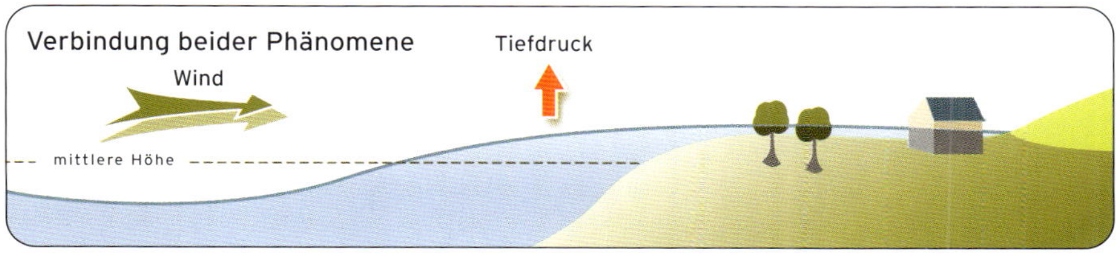

Tiefdruck und Meeresspiegel

Ausgeprägter Tiefdruck, der den Meeresspiegel wegen des geringeren Luftdrucks lokal ansteigen lässt, kann eine Sturmwelle auslösen, die mit der Dünung vergleichbar, aber sehr viel stärker ausgeprägt ist. Schiebt der Wind die Wasseroberfläche eine gewisse Zeit lang in eine Richtung, kann er am Ufer einen abnorm hohen Wasserspiegel im Vergleich zur üblichen Flut hervorrufen. Verbinden sich die beiden oben gezeigten Effekte mit einem hohen Gezeitenunterschied, sind alle Voraussetzungen vereint, um im Küstenbereich starke Überschwemmungen zu verursachen.

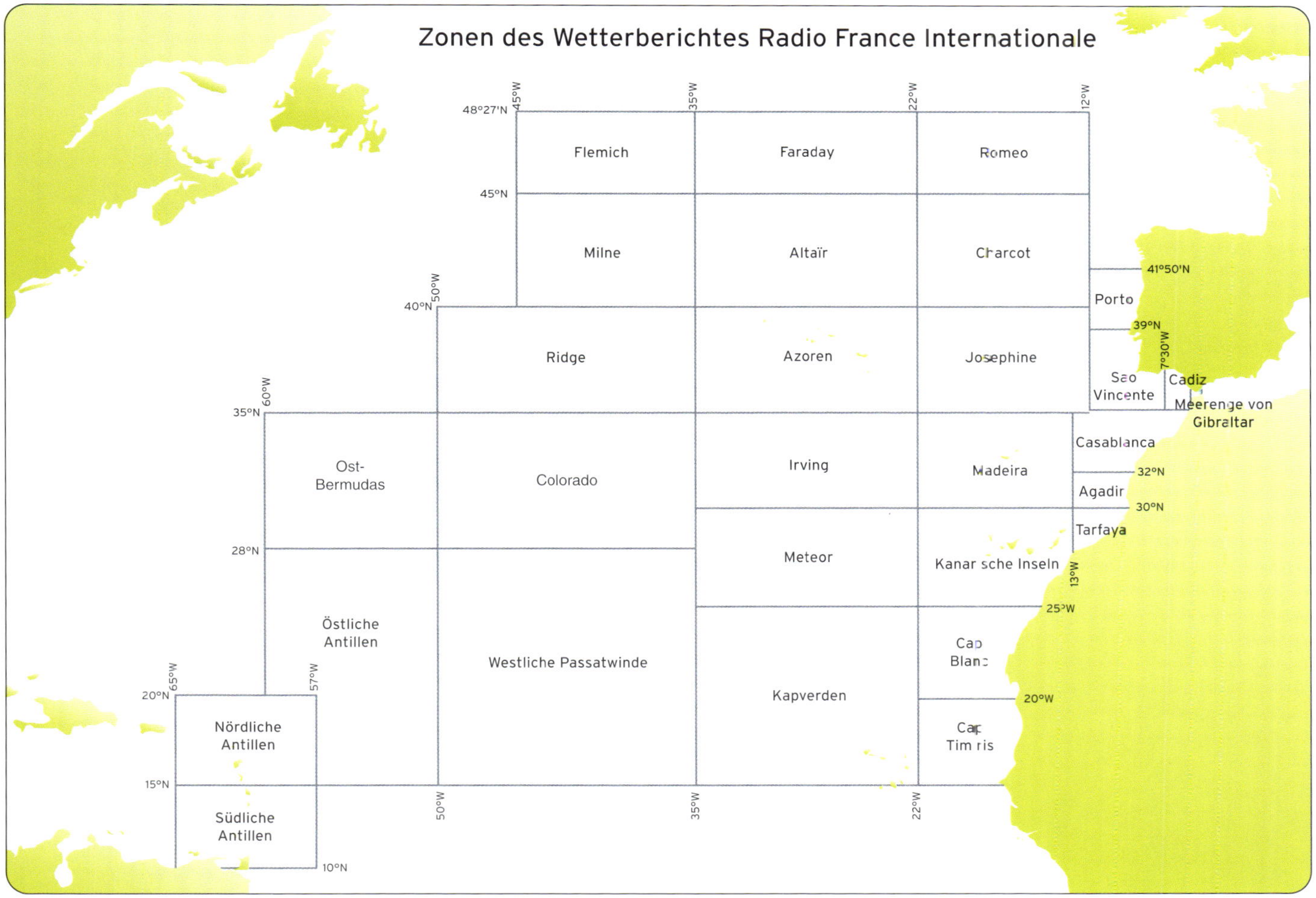

Zielgenauer Wetterbericht

Die geheimnisvollen und häufig poetischen Namen in den Seewetterberichten entsprechen genau definierten Zonen in den Referenzkarten wie hier für den Nordatlantik.

Gefahren durch Tornados

Neben weiträumigen Störungen können auch Phänomene große Zerstörungen hervorrufen, die nicht minder heftig, aber auf einen kleineren Bereich beschränkt sind: Tornados. Im deutschsprachigen Raum werden auch die Bezeichnungen »Windhose« (Tornado über Land) und »Wasserhose« (Tornado über Wasser) verwendet. Wasserhosen sind seltener und normalerweise weniger heftig als Windhosen, in beiden Fällen aber findet man etwa dieselben Ursachen: eine Gewitterlage über einer überhitzten Fläche. Dies löst einen starken konvektiven Mechanismus aus. In einer Gewitterwolke (Cumulonimbus) wird eine Art Rotor in Gang gesetzt, der sich abwärtsbewegt und dabei einen Rüssel bildet, eine Art Ansaugrohr. Dessen Durchmesser wird mit dem weiteren Absinken kleiner, dadurch beschleunigt sich die Rotationsgeschwindigkeit, die Winde können hier bis zu 500 Kilometer pro Stunde erreichen! Beeindruckende Zahlen, die mit dem Druckabfall im Zentrum zusammenhängen, der bis zu 80 Hektopascal betragen kann. Der Rüssel rückt an der konvektiven Wolke entlang vor und wird leicht erkennbar, da er, sobald er den Boden erreicht hat (was nicht immer geschieht), Staub, Sand, Geröll oder Gischt aufwirbelt. Die Fortbewegungsgeschwindigkeit liegt normalerweise bei etwa 15 Kilometern pro Stunde. Der Rüsseldurchmesser kann von Dutzenden von Metern bis zu einem Kilometer betragen. Trotz seiner begrenzten Lebensdauer – selten länger als einige Minuten –, ist der Wirbel so heftig, dass es vorzuziehen ist, nicht in seine Zugbahn zu geraten. Denn er kann Gebäude zerstören und so gut wie alles in die Luft schleudern. Tornados kommen in der australischen Wüste und auf den weiten amerikanischen Ebenen häufig vor, verursachen regelmäßig sehr große Schäden und fordern Menschenleben. In Europa bleiben sie äußerst selten, dort treten sie nur bei außergewöhnlich starken Gewittern auf.
Tornados verfügen wie Zyklone über eine spezifische Bewertungsskala anhand ihrer Merkmale und ihres Zerstörungspotenzials. Diese Fujita-Pearson-Skala, benannt nach den Meteorologen, die sie erstellt haben, umfasst sechs Intensitätsstufen von »leicht« bis »absolut zerstörerisch«. Die Stufe F0 bezieht sich auf Windgeschwindigkeiten zwischen 64 und 116 Kilometern pro Stunde, F5 bezeichnet Windgeschwindigkeiten zwischen 420 und 512 Kilometern pro Stunde.

Hinweise auf einen nahenden Sturm

Das Fernsehen informiert vereinfacht über die Einstufung »Gefahrenstufe Orange« oder »Rot«, doch dies ist eine zweischneidige Angelegenheit. Zwar wird der Zuschauer eher einmal mehr als zu wenig gewarnt und aufgefordert, achtzugeben, doch man sagt ihm oft nicht genau, worauf er eigentlich aufpassen soll. Das Übermaß verallgemeinernder Warnungen lenkt ihn von der Beobachtung realer atmosphärischer Vorgänge ab, und so vergisst er völlig, dass es häufig sehr viel aufschlussreicher ist, in den Himmel statt auf den Bildschirm zu schauen. Diese Bemerkung soll aber nicht missverstanden werden: Beobachtung und Wetterbericht ergänzen sich und es wäre unvernünftig, auf wichtige Informationen des Wetterberichts zu verzichten. Er kann bestimmte Entwicklungen vorhersehen, die für den Einzelnen noch nicht erkennbar sind. Dies verschafft den Bewohnern betroffener Gebiete bis zu zwei Tage Zeit, in denen sie sich vor einem Sturm in Sicherheit bringen können, anstelle von wenigen Stunden, wenn sie sich damit begnügen würden, nur auf die sichtbaren Anzeichen zu achten. In der Mehrzahl der Fälle reichen jedoch etwas Menschenverstand und die aufmerksame Beobachtung des Himmels und des Barometers aus, um sich auf einen Sturm einzustellen. Beginnen wir mit der Beobachtung des Barometers: Fällt es um mehr als ein Hektopascal pro Stunde, liegt ein Sturm in der Luft. Bei fünf Hektopascal innerhalb von drei Stunden ist sicher mit einem Unwetter zu rechnen. Fällt es noch schneller, riecht es nach einem außergewöhnlich starken Sturm. Steht einem per Radio/Funk oder Internet der Seewetterbericht zur Verfügung (mit Positionsangaben und den Werten der Luftdruckzentren), lässt sich durch den Vergleich der dort angekündigten Zahlen mit den Werten des eigenen Barometers quasi in Echtzeit eine abnorme Entwicklung des Tiefs feststellen. Das ist zum Beispiel der Fall, wenn man selbst einen

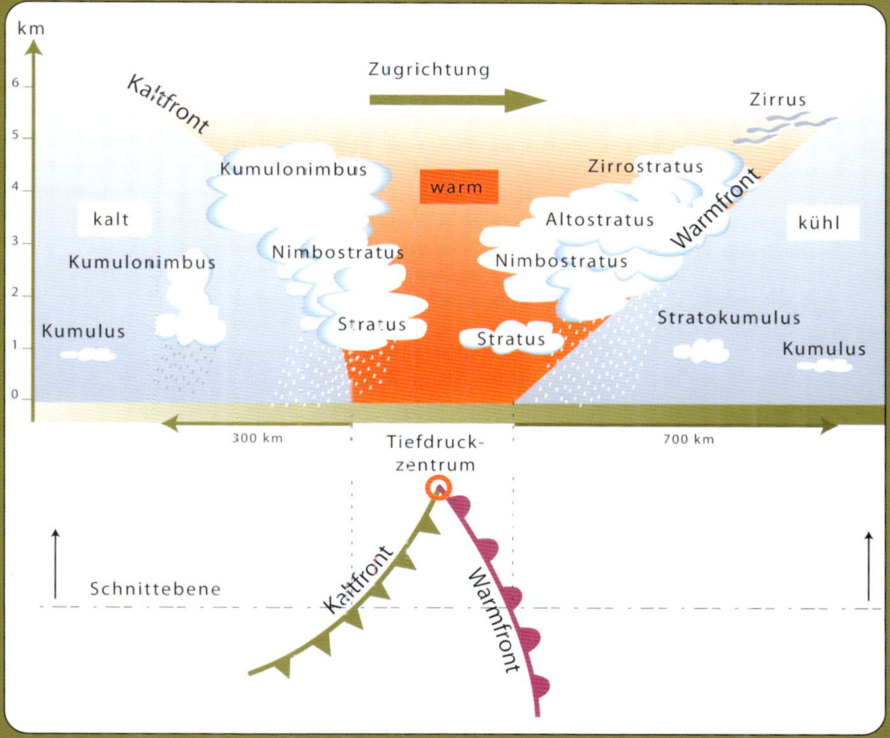

Wolken, die einen Sturm begleiten

Der Schnitt zwischen einer Warm- und einer Kaltfront ermöglicht die Darstellung des Himmels vor, während und nach dem Durchzug einer Störung. Im Schema auf Seite 149 verlagert sich das Wetterereignis über Europa in etwa von West nach Ost. Hohe Cirruswolken sind erste Anzeichen, normalerweise wenden sich die Dinge aber mit der Ankunft der Nimbostrati, mit auflebendem Wind (normalerweise aus Südwest) und beginnendem Regen zum Schlechteren, während das Barometer fällt. Die Wolkendecke sinkt immer tiefer, und während der Warmsektor durchzieht, regnet es kräftig. Die Ankunft der Kaltfront ist dadurch gekennzeichnet, dass der Wind auf Nordwest dreht, verbunden mit Aufheiterungen, aber auch sehr heftigen Böen.

Luftdruck notiert, der beinahe den Wert erreicht, der für das Zentrum des Tiefs angekündigt wurde, obgleich dieses noch weit entfernt ist. Auch der Himmel ist aufschlussreich, denn kein Phänomen tritt ein, ohne sich durch bestimmte Wolkenbildungen in der Höhe anzukündigen. Altokumuluswolken, die am blauen Himmel auftauchen, wirken sehr sympathisch, deuten aber oft auf eine Gewittertendenz mit beunruhigenden Kumulonimbuswolken hin, mit allen möglichen Unannehmlichkeiten im Gepäck. Zirruswolken, diese mehr oder weniger weißen langen Fäden, stellen die Ankunft von Warmluft in der Höhe (zwischen 6000 und 8000 Meter) dar und gehen dem Tief und starken Winden um einige Stunden voraus. Mit ihnen beginnt der Luftdruck zu fallen. Seeleute vergangener Zeiten hatten diese Zirruswolken vor Augen, wenn sie sagten: »Wolken mit Katzenschnurrbart kündigen lärmenden Wind an.«

< Satellitenbild des Hurrikans Katrina über dem Golf von Mexiko am 29. August 2005.

Tornado im amerikanischen Bundesstaat Kansas. Allein die Wolke ist erschreckend und vermittelt eine Vorstellung von der darin enthaltenen Drehbewegung.

Geschäfte mit dem Wind

Ein herrliches Abenteuer: Spielen mit dem Wind

Wer zu seinem Vergnügen aufs Meer hinausfährt, würde auch die Hölle zum Zeitvertreib besuchen.« So standen Fischer Mitte des 19. Jahrhunderts den Sportseglern gegenüber. Sie hielten solche Leute für ziemlich verrückt, die ihren Urlaub mit dem mühsamen, ja auch gefährlichen Segeln zubrachten, während für sie diese Tätigkeit eine pure Notwendigkeit war.

Seither ist die Gruppe dieser vor 50 Jahren noch nicht sehr zahlreichen Verrückten gewachsen; sie haben das Segeln, diesen traditionsgemäß elitären Sport, in ein Freizeitvergnügen für die breite Masse verwandelt. Sowohl im Bereich Handwerk und Industrie als auch auf dem Tourismussektor hat sich daraus ein wichtiger Wirtschaftszweig entwickelt.

Seit Urzeiten haben sich Architekten, Zimmerleute, Ingenieure oder Segelschiffbauer mit der Entwicklung wirksamer Hilfsmittel beschäftigt, um den Wind bestmöglich zu nutzen. Ihre Berufe haben sich ebenso weiterentwickelt wie die verwendeten Materialien, und gelegentlich wurden die Mühen durch einige spektakuläre Fortschritte belohnt: Kurz vor Beginn der christlichen Zeitrechnung (und damit wahrscheinlich etwa 4000 Jahre nach den ersten Segelversuchen) fand man schließlich heraus, wie man gegen den Wind segeln kann. Und eines Tages vor noch gar nicht langer Zeit – Mitte des 20. Jahrhunderts – war man sogar in der Lage, schneller zu segeln als der Wind.
Einige Orte, mit denen es der Windgott besonders gut meint, haben von den Entwicklungen am meisten profitiert und sich zu Zwischenstopps entwickelt, die kein Windliebhaber links liegen lässt.
Ein Beispiel von vielen: Die Gemeinde Hood River im Nordwesten der Vereinigten Staaten hat den industriellen Niedergang der Region nicht wegen ihrer schönen Landschaft überlebt, sondern wegen der unglaublichen Düsenwirkung des Tales: Tausende begeisterter Windsurfer, die aus allen Ecken Amerikas und sogar Europas hierherströmen, haben dem Tourismus, dem Handel und auch dem Immobilienmarkt zu neuem Aufschwung verholfen! Ähnliche Phänomene sind vielerorts zu beobachten, auch auf den Kapverdischen Inseln, wo die Verbindung aus starkem Wind und herrlichen Wellen dem von der Natur nicht gerade begünstigten Land seit etwa 15 Jahren eine interessante Entwicklung beschert, die sich auf diesen speziellen Tourismussektor stützt.
In Port-Saint-Louis-du-Rhône in Frankreich hat es der kräftige **Mistral** verstanden, die Abfackelungsanlagen der benachbarten Raffinerien in den Hintergrund treten zu lassen und einige der besten Surfer der Welt anzuziehen. In Leucate ist es dem **Tramontane** zu verdanken, dass sich der Ort ein neues Image zulegen konnte, indem er ein Event ins Leben gerufen hat (Mondial du Vent), das sich ganz den Sportarten widmet, die vom Wind leben. Das erlesene »Festiventu« von Calvi, bei dem sich Künstler und Sportler einfinden, um den Wind zu feiern, gehört zu den Höhepunkten in der Umgebung der Zitadelle dieses korsischen Hafens. Im Norden haben sich die langen und dem Wind perfekt ausgesetzten Strände von Pas-de-Calais zu einer bevorzugten Spielwiese der Strandsegler oder »Speedsailer« – ein besseres Skateboard mit Segeltakelage – entwickelt.

In Nordeuropa und auf dem amerikanischen Kontinent beglücken die strengen Winter und ihre Winde die Fans des Eissegelns. Bei dieser Art des Segelns, die mit allen möglichen Geräten praktiziert wird (vom »Boot« auf Kufen bis zu einer minimalistischen Version, bei der der Eisläufer selbst das Segel hält), kommen phänomenale Geschwindigkeiten zustande. Da die Gleitfähigkeit auf Eis deutlich höher ist als auf Sand und Wasser, können allein durch die Windwirkung über 200 Kilometer pro Stunde erreicht werden!

Brettsegeln oder Windsurfen?

Beginnen wir mit einer semantischen Betrachtung: Während man in den Anfängen eher von Brettsegeln sprach, wird heute der Begriff Windsurfen bevorzugt. Er trifft die aktuelle Ausübung besser, bei der es sich tatsächlich eher um »Surfen mit Segel« als um die mühsame Handhabung der langen und schweren Bretter der Anfangszeit handelt. Wie auch immer man es nennen möchte, dies ist die Aktivität, bei der es die stärkste Entwicklung an Spots und Infrastrukturen gegeben hat, ausgewählt anhand spezifischer meteorologischer Kriterien. Das lag einmal an dem raschen Erfolg: Mitte der 1980er-Jahre, kaum mehr als zehn Jahre nach Einführung des ersten Serienmodells (das sich übrigens »Windsurfer« nannte), näherte sich die Zahl der verkauften Bretter weltweit bereits der Zahl von drei Millionen Stück. Selbst wenn die Boomphase heute der Vergangenheit angehört (pro Jahr werden inzwischen 50 000 Bretter verkauft, gegenüber fast 500 000 in den Spitzenzeiten), hält dieser Sport noch immer ein hohes Niveau mit weltweit etwa zwölf Millionen Fans, die mehr oder weniger regelmäßig aktiv sind. Darunter gibt es eine Menge so anspruchsvoller und motivierter Sportler, die sich auf der Suche nach perfekten Bedingungen bis ans andere Ende der Welt begeben.
Daneben entwickelte sich dieser Sport so rasant aufgrund seines Wesens. Bis Ende der 1970er-Jahre entfernte sich das Brett recht wenig von den Vorstellungen des konventionellen Segelns, selbst bei schwachem Wind zog es die Aktiven hinaus aufs Wasser. Dann aber änderten sich die verwendeten Materialien, wurden sehr viel leistungs- und widerstandsfähiger, und damit wurden auch extremere Wetterbedingungen surfbar. Die Gleichung ist einfach: Ein modernes Brett – kurz und leicht – kann kontinuierlich dahingleiten. Wissenschaftlich spricht man hier vom Bodeneffekt, dem Moment, von dem an die Antriebskraft ausreicht, um das Brett praktisch ohne Wasserberührung gleiten zu lassen. Seinem Nutzer bringt eine solche Fahrt hohe Geschwindigkeiten und vermittelt starke Eindrücke, wenn der Wind mit mindestens Stärke 4 weht.
Bei niedrigeren Geschwindigkeiten schleppt es sich bedauernswert dahin und klebt am Wasser – ähnlich wie Alpinski auf einem zu flachen Hügel, wenn man ständig mit den Stöcken anschieben muss, um voranzukommen.
Mit einem gewissen Spielraum sollte ein guter Surfspot tägliche Windgeschwindigkeiten zwischen 15 und 20 Knoten (gegen mehr ist auch nichts einzuwenden!) garantieren. Betrachtet man die Windstatistiken unter diesem Gesichtspunkt, wird schnell klar, dass derartige Regionen nicht besonders häufig sind, erst recht, wenn man Kriterien wie Erreichbarkeit und Komfort mitberücksichtigt.
Anfang der 1980er-Jahre zogen begeisterte Surfer auf der Suche nach perfekten Spots durch alle Kontinente, den VW-Bus bis unter das Dach mit Material vollgestopft. Sie wurden später von spezialisierten Reiseunternehmen abgelöst. Diese ließen in den günstigsten Regionen Zentren entstehen, in denen es Hoteliers und lokale Bevölkerung gelernt haben, mit diesen Touristen zu leben, die vielleicht etwas anders, aber relativ leicht zufriedenzustellen sind. Sie beklagen sich nicht über den fliegenden Sand am Strand und wünschen sich nur, dass der heiß begehrte Wind sie während ihres viel zu kurzen Aufenthalts nicht zum Verschnaufen kommen lassen werde! Auf diese Weise sind Tarifa und die Kanarischen Inseln, das portugiesische Guincho, Sylt, der Gardasee und nicht zu vergessen ein Großteil der Ägäis zu den bevorzugten Treffpunkten der europäischen Windsurfer geworden. In Frankreich liegen die »historischen« Spots Almanarre (bei Hyères) und La Torche (Bucht von Audierne), die ersten Austragungsorte des Weltcups. Für Freunde des warmen Wassers und der Exotik sind dagegen Margarita (Venezuela), Sal (Kapverden), Maui (Archipel Hawaii), die ägyptischen Ufer des Roten Meeres oder Neukaledonien definitiv die sicheren Adressen für diese Disziplin.

HANS

UP

Almanarre

Lage: Bei Hyères (Var, Frankreich)
Jahreszeit: Ganzjährig

Der Strand von Almanarre an der Westküste der Halbinsel Giens zählt seit den 1980er-Jahren zu den herausragenden Windsurfspots Europas. Lokalmatadoren wie Nathalie Lelièvre, Nathalie Simon und Éric Thiémé haben sehr viel zum Ansehen der Örtlichkeit beigetragen, wo bereits mehrere Weltcups ausgetragen wurden. Die Bedingungen sind bei Weitem nicht so zuverlässig wie an den Küsten des Languedoc, beispielsweise gibt es gelegentlich kleine Wellen, bei **Mistral** hingegen genügt es, die Halbinsel zu überqueren, um am Strand von La Bergerie eine für hohe Geschwindigkeiten ideale glatte Wasserfläche vorzufinden.

Anse Vata

Lage: Nouméa (Neukaledonien)
Jahreszeit: Ganzjährig, vor allem aber November bis April

Dieser Spot genießt die dauerhaften **Passatwinde** des Indischen Ozeans und ist der bevorzugte Treffpunkt der Neukaledonier. Der We tklassesurfer Robert Teriitehau begann seine Laufbahn in dieser großen, herrlichen Lagune, in der man sich gelegentlich vor Korallenbänken in Acht nehmen muss!
Wellenfreunde können sich bis zur kleinen Insel mit dem Leuchtturm von Amédée, in der Nähe der Passage, treiben lassen.

Aruba

Lage: Niederländische Antillen
Jahreszeit: Ganzjährig, von Juli bis Oktober ist der Wind aber unbeständiger

Die dürre Insel, nur einen Katzensprung vor der Küste Venezuelas, hat sich rasch zum Lieblingsspot amerikanischer Windsurfer entwickelt, die nach zweistündigem Flug sicher sein können, dort Wind und Sonne pur zu finden. Wie alle ABC-Inseln (Aruba, Bonaire, Curaçao) weist sie den unschätzbaren Trumpf auf, nicht auf der Durchzugsstrecke der Zyklone zu liegen, die im Sommer und Herbst in der Karibik wüten können. Der **Passat** beschleunigt über der überhitzten Küste Arubas und tritt an der Südwestküste über flachem Wasser in volle Aktion. Unter dem touristischen Erfolg hat der Status »Windsurferparadies«, den die Insel vor 25 Jahren genoss, leider stark gelitten. Es wurden so viele Hotels errichtet, dass die Insel einiges an Reiz eingebüßt hat. Zudem trifft der Wind auf zunehmend mehr Hindernisse, so auch am legendären Spot der Insel, dem Fisherman's Hut!

Baja California

Lage: Halbinsel in der Cortez-See (Mexiko)
Jahreszeit: Besonders interessant von Oktober bis März

Die Landzunge, die sich fast 1000 Kilometer weit erstreckt, wurde in Sachen Windsurfen in den 1970er-Jahren geadelt, als amerikanische Rucksacktouristen herbeiströmten, um sich inmitten der wunderschönen Landschaft eine Auszeit fernab der Zivilisation zu gönnen. Hier fanden sie ein ungleich günstigeres Preis-Leistungs-Verhältnis als auf den Inseln und kamen in den Genuss des von Herbst bis Frühling beständigen Nordwindes mit 25 bis 35 Knoten und schönen Pazifikwellen. Während Surfbegeisterte diese Tradition zwischen Kakteen und Klapperschlangen fortführen, sind im Lauf der Jahre hier und dort zahlreiche amerikanisch angehauchte Urlaubsorte entstanden, in erster Linie, um die Nachfrage der Liebhaber einer anderen lokalen Spezialität zu befriedigen: des Hochseefischens.

Bora Bora

Lage: Inseln unter dem Winde (Französisch-Polynesien)
Jahreszeit: Hauptsächlich Mai bis Oktober

Die berühmte »Perle des Pazifik« lässt eher an süßes Nichtstun als an Freizeitsport denken. Hier finden sich weder Surfshops noch angesehene Wettkämpfe, und dennoch eine der herrlichsten Wasserflächen, die man sich vorstellen kann. Die Windverhältnisse sind insbesondere im Winter der Südhalbkugel, wenn der **mara'amu** weht, jedes Referenzspots würdig. Die Lagune ist groß und tief genug, um das Eiland ganz zu umrunden. Und als i-Tüpfelchen lassen sich die Fans, die sich dieses Schmuckstück teilen, an den Fingern einer Hand abzählen! Da die lokalen Luxushotels vorzugsweise in Tretboote und nicht in Boote investiert haben, die vom Wind fortbewegt werden, begegnet man in der Lagune höchstens dem lokalen Windsurfchampion, der verzweifelt nach Trainingspartnern sucht, sowie einigen Anhängern des Kitesurfens. Hübsche Wellen findet man wiederum am Rand der Teavanui-Passage.

Cape Hatteras

Lage: North Carolina (USA)
Jahreszeit: Ganzjährig; den meisten Wind gibt es im Januar, Februar und März, dann ist es aber auch am kältesten

Die Outer Bank, eine Sandbank entlang der Atlantikküste, ist ein bevorzugtes Ziel der ostamerikanischen Windsurfer. Sie trennt den Pamlico Sound (ein großes Binnengewässer) über eine Ausdehnung von 150 Kilometern vom Meer. Heute findet man dort eine Mischung aus weitläufigen Stränden, Dünenlandschaften und verstreuten Feriendörfern vor. Fehlende Bodenerhebungen sorgen dafür, dass der Wind immer spürbar ist, egal aus welcher Richtung er weht. Durch die Kombination von Meer und Lagune findet hier jeder das Passende: Anfänger und Freunde hoher Geschwindigkeiten auf glattem Wasser tummeln sich begeistert im Sicherheit bietenden »Sound«, während Wellenfanatiker nur auf die andere Seite zu wechseln brauchen, um ihrer Leidenschaft zu frönen, insbesondere bei Avon direkt am Cape Hatteras.

Essaouira

LAGE: Bei Agadir (Marokko)
JAHRESZEIT: Frühling und Sommer

Die Stadt, die früher den Namen Mogador trug, ist 700 Straßenkilometer von Tanger entfernt. In den 1960er- und 1970er-Jahren entwickelte sie sich zu einem bevorzugten Reiseziel der Generation »baba cool«. Anfang der 1980er-Jahre erlebte die Stadt einen gewissen Aufschwung, als einige Hippies und zugleich begeisterte Windsurfer entdeckten, dass diese vom Massentourismus noch verschonte Stadt von der Verbindung ungewöhnlicher Wind- und Wellenverhältnisse profitiert. Sie verdankt dies ihrer Nähe zur kalten Strömung bei den Kanarischen Inseln, die lokal für einen starken Wärmeunterschied zur benachbarten Wüste sorgt. Dadurch beschleunigt sie den **Passatwind,** der in der Bucht von Essaouira Geschwindigkeiten über 30 Knoten erreicht. Zu Herbstbeginn ist die Gegend nicht zu empfehlen, da eine deutliche Neigung zu Weststürmen besteht.

Fuerteventura

LAGE: Kanarische Inseln (Spanien)
JAHRESZEIT: Ganzjährig möglich, ist im Herbst unbeständiger, im Sommer am intensivsten vom Wind verwöhnt

Der Name bezieht sich nicht auf die Windstärke, sondern eher auf das große Abenteuer (*fuerte aventura*), das seine »Entdeckung« Anfang des 15. Jahrhunderts durch Jean de Béthencourt darstellt – tatsächlich wurde die Inselgruppe nach dem Vorbild phönizischer Seefahrer im Verlauf der Jahrhunderte immer wieder aufgesucht. Es gibt reichlich Wind, der Passat ist allgegenwärtig und wird lokal durch den Venturi-Effekt und die Thermik verstärkt. Mit nahendem Sommer kann die Brise an dem berühmten Strand von Sotavento, wo die ersten Geschwindigkeitsrekorde mit Surfbrettern erzielt wurden, ohne Weiteres über 40 Knoten erreichen. Fuerteventura nennt zudem einen der schönsten Wellenspots Europas sein Eigen, und zwar in Cotillo. Unbestritten kann »Fuerte« mit dem meisten Wind aufwarten, aber auch die anderen Kanarischen Inseln von Lanzarote bis Gran Canaria werden von Äolus nicht vergessen. Fuerteventura gilt seit den 1970er-Jahren als eine Art leichter erreichbares und preiswerteres »europäisches Hawaii«, und die Kanarischen Inseln erleben den Zustrom einer Menge Sportbegeisterter, die zumeist aus Nordeuropa anreisen (wer sich mit der dreitägigen Fahrt auf der Fähre ab dem spanischen Cádiz anfreunden kann, nimmt sogar den eigenen Pkw samt Ausrüstung mit!). Einige Surfer haben sich auf den Inseln niedergelassen, die schrecklichen Hotelklötze haben die unberührte Schönheit zum Glück nur stellenweise zerstört. Der mehrfache Weltmeister im Windsurfen (33 Titel!) Bjorn Dunkerbeck gehört dazu, seit über 30 Jahren lebt er auf Gran Canaria, weit von seinem Geburtsland Dänemark entfernt. Auch einige international bekannte Hersteller von Segeln und Surfbrettern haben ihre Fertigungsfirmen oder Forschungszentren dort angesiedelt, um die außergewöhnlichen Windverhältnisse zu nutzen.

Gruissan

Lage: Küste des Departements Aude (Frankreich)

Jahreszeit: Ganzjährig

Die kleine Stadt im Languedoc, bekannt für ihren kreisförmig angelegten Altstadtkern Gruissan-Village, verfügt über einen weiteren Trumpf: den **Tramontane,** der ganzjährig die Nerven jenes Bevölkerungsteils strapaziert, der sich nach Ruhe sehnt. Glücklich macht die Brise dafür Liebhaber von Wind- und Kitesurfen, Speedsailing oder Strandsegeln. Gruissan richtet seit 2001 eines der wichtigsten Windsurfertreffen aus: den Défi Wind. Leucate, weiter südöstlich, genießt ähnliche Bedingungen und ist jedes Jahr Gastgeber für den Mondial du Vent. Ein großer Pluspunkt sind die zahlreichen Teiche, auf denen es sich in Sicherheit üben lässt, auf dem Meer kann der **Tramontane,** der Richtung offene See bläst, dramatische Konsequenzen haben. Ein Problem gibt es aber auch hier: Gelegentlich verfügt man über kein Segel, das für den starken Wind klein genug ist: Beim Windsurfen genügen oft 3,50 m^2!

Margarita

Lage: Venezuela

Jahreszeit: Ganzjährig

Diese große Insel vor der Küste Venezuelas hat Aruba in der Beliebtheit abgelöst. Sie genießt dieselben Vorteile (beständigere **Passatwinde** als im Antillenbogen, Lage abseits der Zyklone), bietet aber außer im August und September fast garantierte Windverhältnisse und ist wegen der zahlreichen touristischen Einrichtungen auf der Insel auf dem Luftweg leicht erreichbar. Daraus resultiert, dass sich alle auf Windsurfreisen spezialisierten Reisebüros in Margarita niedergelassen haben und den Spot El Yague zu einer weltweit anerkannten Referenzadresse beförderten. Auch wer es eher ruhig liebt, wird etwas weiter südlich auf der Insel Coche fündig, die vom Wind ebenso verwöhnt wird, deren Ambiente aber noch »naturbelassener« ist.

Oahu

Lage: Inselgruppe Hawaii (USA)

Jahreszeit: Ganzjährig

Dank der prächtigen Spots an der Nordküste (insbesondere des kultigen Spots Pipeline) trägt Oahu in aller Welt das Markenzeichen »Mekka der Surfer«, die Insel errang ihren Adelsbrief aber auch dank Robby Naish, der lebenden Windsurferlegende, der hier ansässig ist. Der Champion begann seine Laufbahn Anfang der 1970er-Jahre auf der relativ glatten und angenehm vom Wind versorgten Wasserfläche der Kailua Bay und surfte anschließend in den kräftigen Wellen von Diamond Head, das an der Südostspitze der Insel, gleich neben Honolulu, der Hauptstadt Hawaiis, liegt. Hier findet sich garantiert amerikanische Atmosphäre, und die **Passatwinde** aus Nordost wehen recht beständig und ohne übertriebene Stärke. Aufgrund des Kap-Effekts erreicht der Wind bei Diamond Head häufig eine Stufe mehr auf der Beaufortskala als in Kailua.

Moorea (Polynesien). An diesem Spot herrschen zwar nicht die besten Windverhältnisse der Welt, der Anblick der Wasserfläche begeistert aber selbst den abgebrühtesten Windsurfer!

Maui

Lage: Inselgruppe Hawaii (USA)

Jahreszeit: Ganzjährig

Maui ist DER Referenzspot. Die Insel wird von Windsurfzeitschriften aller Welt am meisten fotografiert, wohl jeder Windsurfer träumt davon, wenigstens einmal im Leben dort gewesen zu sein. An den Stränden der Nordküste weht der **Passat** aus Nordost unermüdlich mit einer Geschwindigkeit von 15 bis 25 Knoten. Hier trifft man sowohl Europäer, die sich auf der Insel niedergelassen haben, als auch japanische Surfer, die diese legendären Spots erkunden möchten, wie auch lokale Angestellte, die Anzug oder Kostüm im Auto lassen, um nach dem Büro zu surfen. Verlässt man die Hauptstadt Kahului in Richtung Osten, kommt man zuerst nach Kanaha. Dies ist ein leicht zugänglicher Tummelplatz mit guten Windverhältnissen, aber ohne besonders aggressive Wellen. Ein Stück weiter wird es dann etwas rauer vor den hübschen Holzhäusern von Spreckelsville, die verstreut unter Palmen liegen. Es folgt Hookipa, ein berühmter Schauplatz wichtiger Wettkämpfe, anschließend Peahi - besser bekannt unter dem Namen Jaws -, wo Wellenreiter und Windsurfer sich mit den flüssigen Ungetümen messen, die hin und wieder eine Höhe von 20 Metern erreichen. An Tagen, an denen der **Passat** an der Nordküste etwas träge wird, findet man nur wenige Kilometer weiter südlich wieder ausreichend starken Wind, denn er beschleunigt in dem Tal zwischen den Vulkanen, stürzt sich mit zehn Knoten mehr in die Maalea Bay und sorgt dort für ideale Bedingungen, um auf einer fast glatten Wasserfläche Tempo zu machen. Die Bedingungen sind ganzjährig interessant, mit stärkerem Wind im Sommer und mehr Wellen (und Regen) im Winter.

Paros

Lage: Archipel der Kykladen (Griechenland)

Jahreszeit: Mai bis September

Da an den Stränden (vor allem am Neuen Goldstrand »Nea Chrissi Akti« an der Südostküste der Insel) mehrere internationale Wettkämpfe ausgerichtet wurden, verdient Paros hier Erwähnung, auch wenn ein Großteil der Inseln im Ägäischen Meer Paros durchaus Konkurrenz machen kann, angefangen beim nächsten Nachbarn Naxos. Auch die übrigen Inseln der Kykladen sind Entstehungsräume von Luftströmungen, wie übrigens auch die Inseln der südlichen Sporaden, die Inseln Kos bis Rhodos, die Inselgruppe Dodekanes oder selbst die Küsten Kretas. Ab Frühlingsende gibt es nur wenige Tage, an denen das Meer sich unter der Wirkung des Nordwindes, der in der Hochsaison (Juli bis August) die Geschwindigkeit von 40 Knoten häufig übersteigt, nicht mit Schaum bedeckt.

Piantarella

Lage: Südkorsika (Frankreich)

Jahreszeit: April bis Oktober

Ein herrlicher Spot, der bemerkenswert gut vom Venturi-Effekt in den Mündungen profitiert und dabei nur einen Katzensprung von Bonifacio entfernt ist. Es ist einer der französischen Orte, an denen der Wind zumeist kraftvoll weht. Hier startet jedes Jahr zu Anfang des Herbstes der klassische Windsurfwettkampf zwischen Korsika und Sardinien.

Safaga

Lage: Im Norden des Roten Meeres (Ägypten)

Jahreszeit: Ganzjährig

Safaga zählt in Sachen Wind zu den erstaunlichsten Orten unseres Planeten. Um sieben Uhr rührt sich kein Lüftchen, um acht Uhr bewegt eine leichte Brise die wenigen Pflanzen in der Wüste, und um zehn Uhr erreicht der Nordwind 30 Knoten, lässt den Sand fliegen und kräuselt das Meer. Von vorübergehenden Störungen im System abgesehen, spielt sich jeden Tag dasselbe ab! Die Beständigkeit, die durch das Zusammenwirken von Wärmeaustausch und Venturi-Effekt durch die benachbarten Berge entsteht, hat dazu geführt, dass diese ägyptische Kleinstadt ohne bedeutende Ressourcen seit den 1990er-Jahren neue Besucher anzieht, die sich mehr für die Wunder des Äolus als für die Geheimnisse der Pyramiden interessieren. Dieser Aufschwung hat auch anderen Orten am Roten Meer oder dem Golf von Akaba (insbesondere Dahab) gezeigt, welchen Nutzen sie aus dieser Energie ziehen können, die der Himmel schickt.

Saintes-Marie-de-la-Mer

Lage: Küste des Departements Bouches-du-Rhône (Frankreich)

Jahreszeit: Ganzjährig

Die Kleinstadt in der Camargue, bekannt für ihre Wallfahrten und ihre berittenen Viehhirten, erlebt seit 1988 einen Zustrom von Geschwindigkeitsprofis auf Surfbrettern. Das liegt in erster Linie am kräftigen Wind, einer Mischung aus **Mistral** und Böen aus östlicher Richtung. Daneben aber gibt es ein originelles Projekt: Hier wurde, genau auf die vorherrschenden Winde ausgerichtet, ein Kanal in den Sand gegraben. Auf dieser flüssigen Piste bleibt das Wasser selbst bei starkem Wind glatt, die Windsurfer kommen in den Genuss idealer Gleitbedingungen. Der absolute Geschwindigkeitsrekord für segelbetriebene Wasserfahrzeuge entspricht einer Durchschnittsgeschwindigkeit von 48,7 Knoten über diese Entfernung. Er wurde im April 2005 vom Iren Finian Maynard auf »le canal« erzielt.

Sal

Lage: Kapverdische Inseln

Jahreszeit: Vor allem November bis Mai

Die ehemalige portugiesische Kolonie erreichte ihre Unabhängigkeit erst 1975, und abgesehen von den am Grund der Buchten wimmelnden Langusten, ist der Wind das Einzige, das in diesem jungen Land im Überfluss zu finden ist. Während er im Sommer nur mäßig weht, nimmt seine Stärke ab Herbstende zu, und er bläst mehrere Monate unablässig Tag und Nacht, häufig mit Stärke 6 oder sogar mehr, das alles ohne einen Tropfen Regen. Der gesamte Archipel profitiert mit geringfügigen, reliefabhängigen Unterschieden etwa in gleicher Weise von dem Phänomen, die Insel Sal genießt jedoch einen Sonderstatus, denn sie ist die einzige mit einem internationalen Flughafen. Dieser diente, nebenbei gesagt, lange Zeit den Flugzeugen der Aeroflot als strategischer Zwischenstopp zwischen Kuba und Angola. Windsurfende Globetrotter wurden durch diese ungewöhnlichen Windstatistiken aufmerksam, und es war nur eine Frage der Zeit, bis der Boom begann. Windsurfzentren entstanden, und viele junge Einwohner der Kapverden fingen an, sich für diesen neuen Sport zu begeistern. Diese ursprünglich sanfte, auf die Örtlichkeiten abgestimmte Entwicklung nahm in den letzten Jahren eine Wende, denn es kamen ausländische Großinvestoren, die auf Massentourismus setzen und riesige Hotelkomplexe aus dem Boden stampfen, sodass Jahr für Jahr ein weiteres Stück der herrlichen Bucht vor der Ortschaft Santa Maria zubetoniert wird.
Reisende, die das authentische Land suchen, sind gut beraten, sich den kleinen Poussadas (Hotels) auf Boa Vista oder Sao Vicente zuzuwenden. Diese Inseln haben ebenso viel Sand und Wind, sind aber deutlich weniger touristisch ausgerichtet!

Sylt

Lage: Nordfriesland (Deutschland)

Jahreszeit: Frühling bis Herbst

Die Insel Sylt in der Nordsee ist nicht nur ein schicker Urlaubsort für die Hamburger Bevölkerung. Sie hat sich zur Insel der Wahl für Windsurfer Nordeuropas entwickelt. Hier gibt es keine unveränderlichen **Passatwinde**, die Lage eignet sich stattdessen perfekt, um den Durchzug der Tiefdruckgebiete zu nutzen, die auf dieser Breite unterwegs sind. Andere sehen darin nur schlechtes Wetter, das Sommergäste verzweifeln lässt, diese etwas eigenartigen Strandliebhaber jedoch sehr erfreut. Da es auf der Insel keine nennenswerten Erhebungen gibt, können im Frühling und Herbst auch die Nordströmungen und thermischen Brisen genutzt werden. Jedes Jahr im Herbst drängen sich Hunderttausende Fans auf der Insel, um dem Weltcup der Professional Windsurfers Association beizuwohnen, der seit über 20 Jahren auf Sylt ausgetragen wird.

Tarifa

Lage: An der Meerenge von Gibraltar (Spanien)

Jahreszeit: Ganzjährig

Ursprünglich war Tarifa eine andalusische Kleinstadt ohne besondere Kennzeichen, unweit von Gibraltar an der Meerenge, die Europa und Afrika trennt. Trotz des herrlichen Strandes, der von einem zum anderen Ende der großen Bucht von Tarifa reicht, werden gewöhnliche Urlauber hier nicht alt, denn der Wind, der zehn Monate des Jahres kräftig bläst, vertreibt sie rasch wieder. Schuld daran ist die Form der Meerenge, die sowohl den **Poniente** (überwiegend im Winter aktiver Westwind, der hohe Wellen hervorruft) als auch den **Levante** (Ostwind, im Sommer häufiger) kanalisiert und dadurch beschleunigt. Tarifa hat sich seit Anfang der 1980er-Jahre zu einem Mekka der Windsurfer auf dem alten Kontinent entwickelt und zieht Jahr für Jahr Tausende von ihnen an. Die Örtlichkeiten haben sich angepasst, es wurden Surfshops eröffnet und jeder noch so kleine überdachte Raum zur Vermietung hergerichtet.

Torbole

Lage: Gardasee (Italien)

Jahreszeit: Mai bis Oktober

Ein repräsentativer Ort für die Windsysteme der Gebirgsseen. Torbole funktioniert sozusagen mit Wechselstrom, vormittags wird es vom **Maestro** oder **Vento** erfrischt, der mit Windstärke 4 bis 6 aus Nord weht. Nach einer kurzen Ruhephase wird dann am Nachmittag die **Ora** aktiv, ein Südwind gleicher Stärke. Der durch und durch schicke Urlaubsort Torbole ist bestens platziert, um ganztägig vom Wind zu profitieren, was dazu führt, dass ihn Windsurfer aus der Schweiz, aus Deutschland und Italien überlaufen und mehrere Hersteller von Windsurfausrüstungen ihre Testzentren dort eingerichtet haben. Um die Bedingungen optimal zu nutzen, begeben sich einige vormittags nach Malcesine und nachmittags nach Riva del Garda. Hier kann man auch den Größenwahn der Classe-Libera-Segelboote bewundern, erstaunliche Regattaboote mit vielen Segeln, deren labiles Gleichgewicht durch die richtige Positionierung von einem Dutzend Mannschaftsmitglieder gesichert wird.

Tortola

Lage: Britische Jungfrauinseln

Jahreszeit: Dezember bis Juni

Auf den Jungfrauinseln sorgt der **Passatwind** aus Ost für frischen Wind. Die B. V. I. (British Virgin Islands), zu denen Tortola gehört, weisen einen zusätzlichen Vorteil auf: Hier wurde für den Umweltschutz deutlich mehr getan als auf den amerikanischen Nachbarinseln (U. S. Virgin Islands), außerdem entstehen durch die vielfältigen Inseln Korridore, in denen der Wind beschleunigt. Tortola und alle B. V. I. genießen bei Windsurfern hohes Ansehen, hier wurden Surftouren erfunden, die »HIHO« (für hook-in-and-hold-on), die in mehreren Etappen die meisten Inseln der Gruppe verbinden. Der Antillenbogen kann mit einer Vielzahl ausgezeichneter Spots für Wind- und Kitesurfer aufwarten, etwa: Silver Sands (Barbados), Orient Bay (Saint-Martin), Sainte-Anne und Saint-François (Guadeloupe), Cap Chevalier (Martinique) und Cabarete (Dominikanische Republik).

Strandsegler, die an den langen Stränden der Bretagne und Nordeuropas häufig anzutreffen sind, eignen sich hervorragend für eine schnelle Fortbewegung mithilfe des Windes, begleitet nur vom Geräusch der Räder im Sand.

Starker Wind bei Saint-Tropez.
Im Mittelmeerraum ist das lokale Wettergeschehen entscheidend: Es ist gut möglich, dass in der Nachbarbucht drei oder vier Stufen weniger auf der Beaufortskala zu beobachten sind.

Es gibt doch nichts Befriedigenderes, als Wind und Segel bestmöglich zu nutzen, um ein Boot vorwärtszubewegen! Ob an Bord eines hervorragenden Oldtimers wie hier aus der Klasse J *Candida* oder auf einem bescheidenen Ausflugsboot – Fortbewegungsart und Vergnügen sind dieselben.

Auf dem Segelboot

Gegen den Wind

Mit Rückenwind Fahrt zu machen ist keine große Kunst. Ob man sich auf einem Schiff, einem Strandsegler oder einem Surfbrett befindet, der Wind schiebt einen von hinten an wie einen Luftballon und man bewegt sich in derselben Richtung vorwärts.
Gegen den Wind voranzukommen ist hingegen eine völlig andere Angelegenheit. Dabei geht es nie darum, sich direkt gegen den Wind zu bewegen: Ein geübter Segler mit einem modernen Boot wird nicht mehr als einen Winkel von 35 bis 40° zur Windrichtung schaffen. Die großen Seeschiffe früherer Jahrhunderte hatten bereits Probleme, einen Winkel von mehr als 90° zu halten, dies erklärt, warum die Besatzungen dem gewünschten Kurs nie genau folgen konnten.
Hart am Wind ist es also vorbei mit dem Schub: Nun wird alles eine Frage der Strömung beziehungsweise des Über- oder Unterdrucks. Die Luft nimmt nämlich nicht denselben Weg auf beiden Seiten des Segels, da das Segelprofil eine gewisse Krümmung aufweist. Luvseitig (Aerodynamiker sprechen von der Innenseite) lässt die konkave Form der Luft mehr Raum, sich auszubreiten. Folglich wird die Luft langsamer, was Überdruck hervorruft. Leeseitig (Außenseite) zwingt das konvexe Profil die Luftströmung, sich zu komprimieren und dadurch zu beschleunigen, daher bildet sich ein Unterdruck. Dem altbekannten Prinzip zufolge, nach dem nun eine Bewegung vom Hoch- zum Tiefdruck entsteht, bildet sich eine Kraft wie bei den Flügeln eines Segelflugzeugs: der Auftrieb. Findet man das richtige Maß für Auftrieb (Außenseite) und Schub (Innenseite), sprich Anstellwinkel des Segels, erhält man die resultierende Gesamtkraft. Das ist die Energie, die den Segler gegen den Wind gewinnen lässt! Hier gilt dasselbe Prinzip, das einen offenen Sonnenschirm im Wind vertikal anhebt und das man mit allerlei Experimenten verdeutlichen kann.
Bei einem Segel ist diese Kraft natürlich nicht sehr genau ausgerichtet, kaum besser als 70° im Verhältnis zur Schiffsachse. Aber dank eines weiteren Auftriebs durch den Kiel oder das Schwert, die das Boot im Wasser halten wie auf einer Schiene, verwandelt sich ein bescheidener, aber ausreichender Teil dieser Energie in Schub auf der richtigen Achse. Unmöglich? Nein: Die Aufgliederung der verschiedenen Kräfte – und natürlich die Erfahrung – zeigen klar, dass es funktioniert. Für alle, die komplizierte Schemata verabscheuen, kann ein kleiner Versuch das Phänomen sehr gut

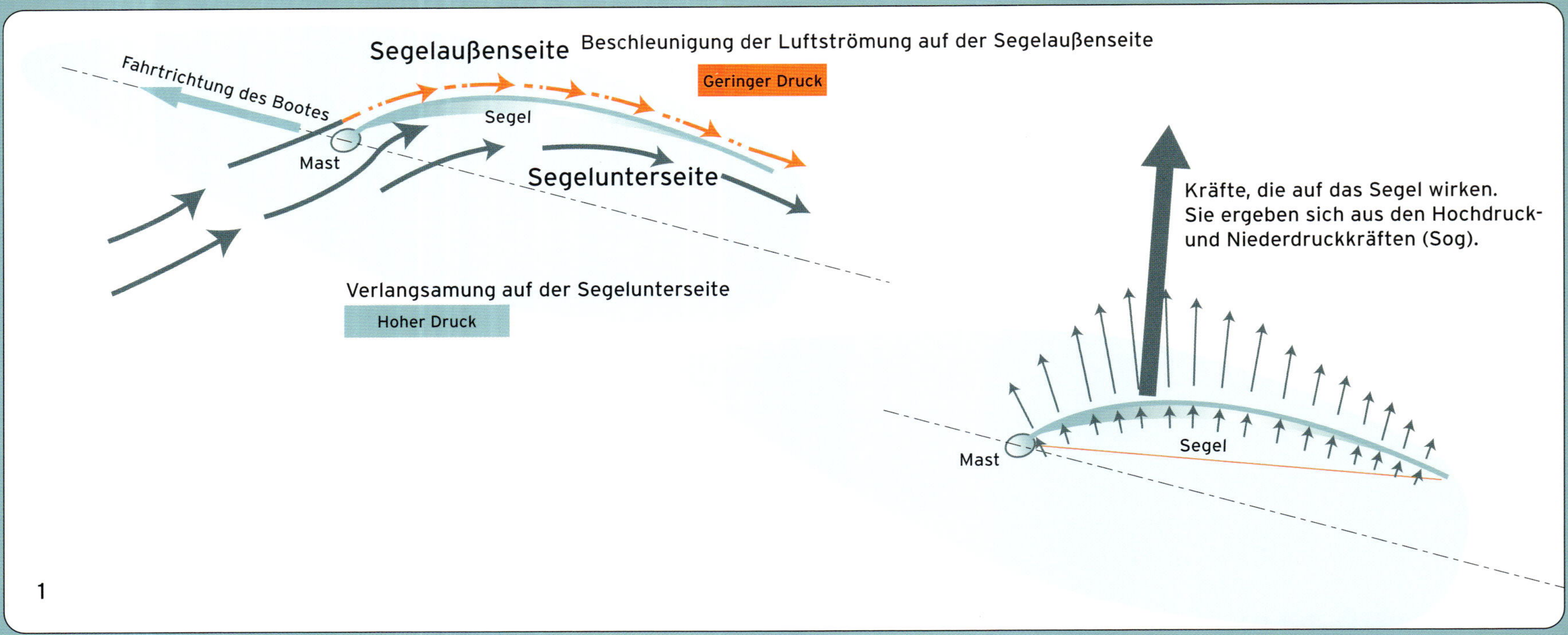
Segelaußenseite
Beschleunigung der Luftströmung auf der Segelaußenseite
Geringer Druck
Fahrtrichtung des Bootes
Segel
Mast
Segelunterseite
Verlangsamung auf der Segelunterseite
Hoher Druck
Kräfte, die auf das Segel wirken.
Sie ergeben sich aus den Hochdruck- und Niederdruckkräften (Sog).
Mast
Segel
1

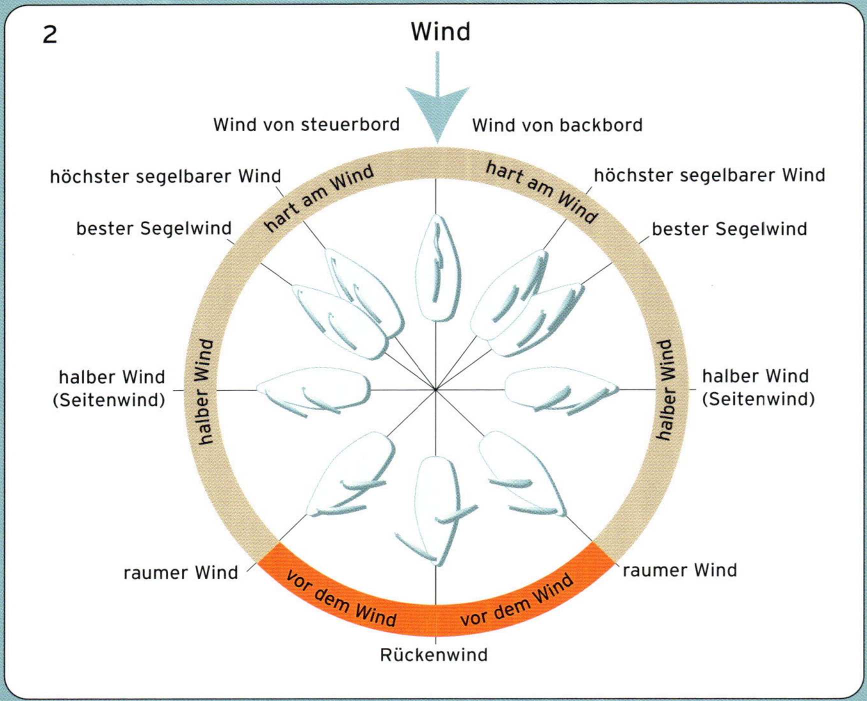
2
Wind
Wind von steuerbord
Wind von backbord
höchster segelbarer Wind
hart am Wind
hart am Wind
höchster segelbarer Wind
bester Segelwind
bester Segelwind
halber Wind (Seitenwind)
halber Wind
halber Wind
halber Wind (Seitenwind)
raumer Wind
vor dem Wind
vor dem Wind
raumer Wind
Rückenwind

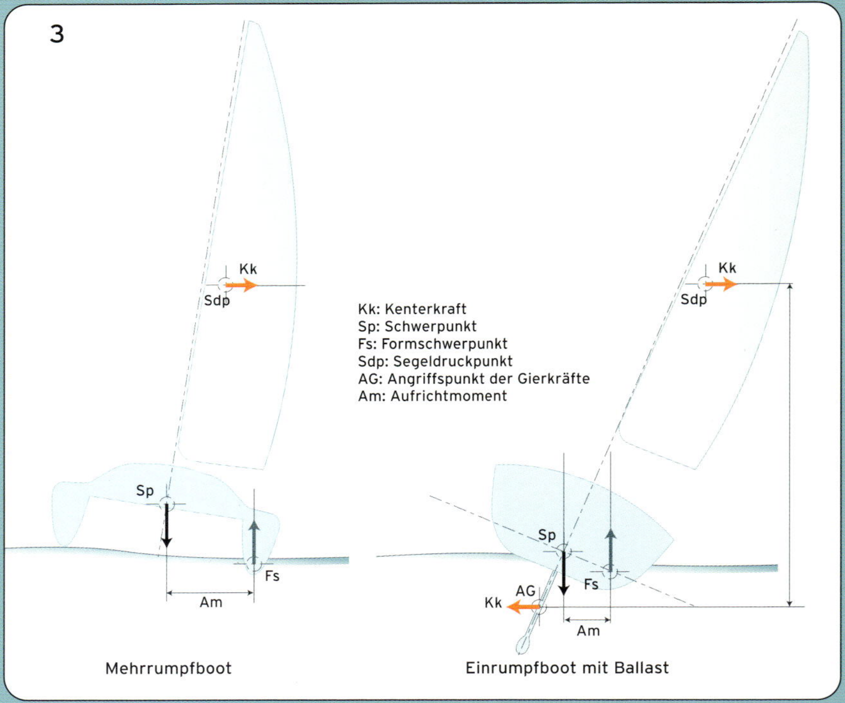
3
Kk
Sdp
Sp
Fs
Am
Kk: Kenterkraft
Sp: Schwerpunkt
Fs: Formschwerpunkt
Sdp: Segeldruckpunkt
AG: Angriffspunkt der Gierkräfte
Am: Aufrichtmoment
Kk
Sdp
Sp
AG
Kk
Fs
Am
Mehrrumpfboot
Einrumpfboot mit Ballast

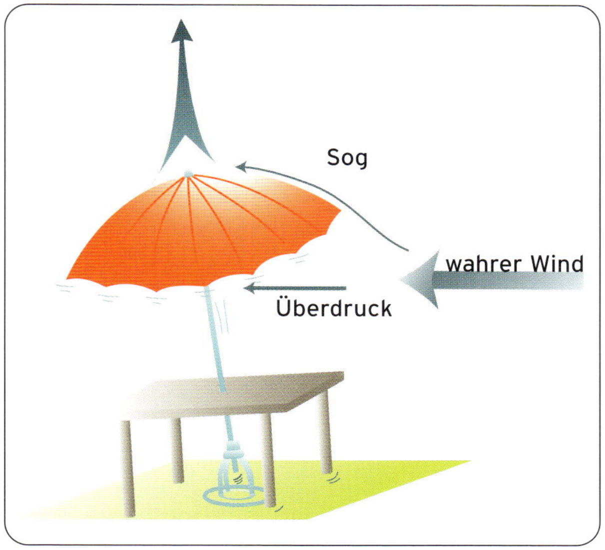

Der Sonnenschirmeffekt

Illustration der Kraft, die beim Vorbeizug des Windes auf allen Seiten einer gewölbten Fläche entsteht: Der Sonnenschirm hebt sich von alleine!

< 1. Das Kräftespiel hart am Wind

Der Wind reagiert unterschiedlich, je nachdem, auf welcher Seite der Segelkrümmung er vorbeifließt. Auf der konvexen Seite beschleunigt die Luftströmung (weil der »Korridor« enger wird), es entsteht also eine Zone mit niedrigerem Druck. Auf der konkaven Seite hat die Luftströmung mehr Platz, sie verlangsamt und bildet eine Zone mit höherem Druck. Logischerweise addieren sich diese Kräfte am Segelprofil.
In der Folge kommt das Schiff, selbst wenn seine Richtung von der Schiffsachse stark abweicht, gegen den Wind voran.

< 2. Kurse zum Wind

Sehr hart am Wind können Segelboote kaum 40° gegen den wahren Wind (siehe Seite 174) vorankommen. Es muss also im Zickzackkurs gegen den Wind gesteuert werden, um durch allmähliches Kreuzen backbord und steuerbord gegen den Wind voranzukommen.

< 3. Die Stabilität

Bei einem Mehrrumpfboot wird die Stabilität durch den großen Abstand zwischen dem Schwerpunkt (in der Mitte des Bootes) und dem Auftriebspunkt (leeseitig am Rumpf) gewährleistet. Dieser bildet ein wirksames Aufrichtmoment (oder anders gesagt, einen wirksamen Hebelarm).
Bei einem Einrumpfboot hängt die Stabilität zugleich von den Kielformen (je breiter das Boot, desto stabiler) und der Position der Ladung ab: Je schwerer und tiefer diese ist, desto größer ist das Aufrichtmoment.

illustrieren. Hierfür genügt es, ein Spielzeugauto auf einen Tisch zu stellen und mithilfe einer Schnur vorsichtig schräg zur Fahrtrichtung daran zu ziehen. Trotz der starken seitlichen Komponente wird sich das Auto in Richtung der Räder nach vorne bewegen!

Gegensätzliche Druckverhältnisse

Was der Wind dem Segler anbietet, gleicht einer Wechseldusche. Denn während er ihm einerseits Energie liefert, die ihn voranbringt, erzeugt er gleichzeitig bremsende Faktoren. Am schwersten wiegt der Luftwiderstand. Während die Segel den Wind in Schubkraft umwandeln können, produzieren die festen Schiffsteile (Rumpf, Deckaufbau, Rigg) andererseits eine negative Energie, zumindest bei halbem Wind. Da die Bremswirkung mit der Fülle des Ganzen zunimmt, lässt sich leicht ableiten, dass ein sehr komfortables Segelschiff (also mit hohem und voluminösem Rumpf und großem Deckhaus) bei identischen Windbedingungen niemals so leistungsfähig sein kann wie ein anderes Schiff mit bescheidenerer Bewohnbarkeit.
Ein weiterer Widerspruch ist das Gebot der Stabilität. Je stärker der Wind bläst, desto größer wird die potenzielle Schubkraft, gleichzeitig nimmt aber auch die Wahrscheinlichkeit zum Kentern zu: Das Boot neigt zum Krängen, also zur Schräglage. Ein Einrumpfboot muss aus Stabilitätsgründen breiter sein oder/und einen schweren Kiel haben, um dies ausgleichen zu können. Beides sind Bremsfaktoren.
Das Mehrrumpfboot, ob Katamaran, Trimaran oder Proa, versucht am Gewicht des Kiels zu sparen, indem es seine Auflagepunkte auf dem Wasser möglichst weit voneinander entfernt, was ihm eine sehr gute Stabilität verleiht. Aber auch hier ist nichts perfekt: Das Boot muss mit einem größeren Platzbedarf und einem oft größeren Luftwiderstand fertig werden, ganz zu schweigen von dem Nachteil, dass es sich im Fall des Kenterns nicht selbst wieder aufrichten kann.
Um der Kraft des Segels, die zur Seite drängt, einen größeren Widerstand entgegenzusetzen, muss das Segelboot größere Kiel- oder Abdriftflächen haben, damit es nicht seitwärts abdriftet, was wiederum das Vorankommen bremst.

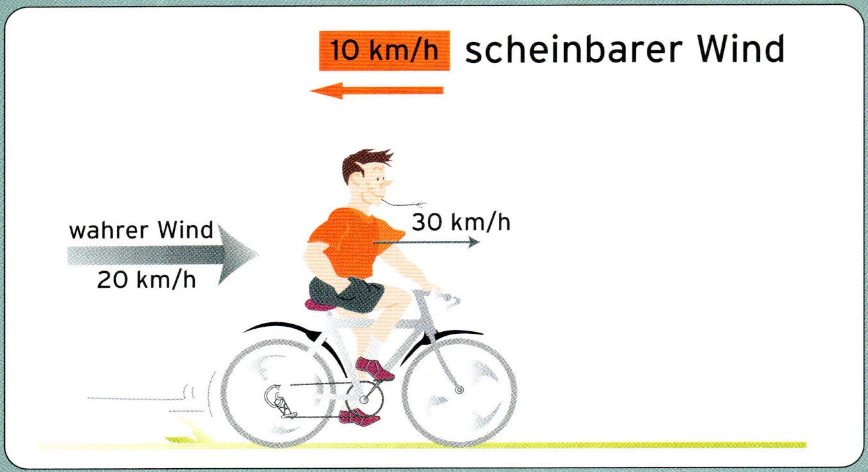

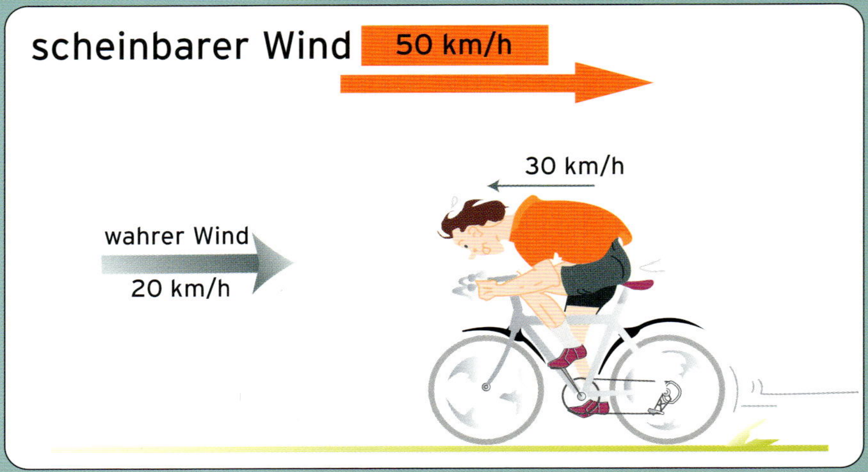

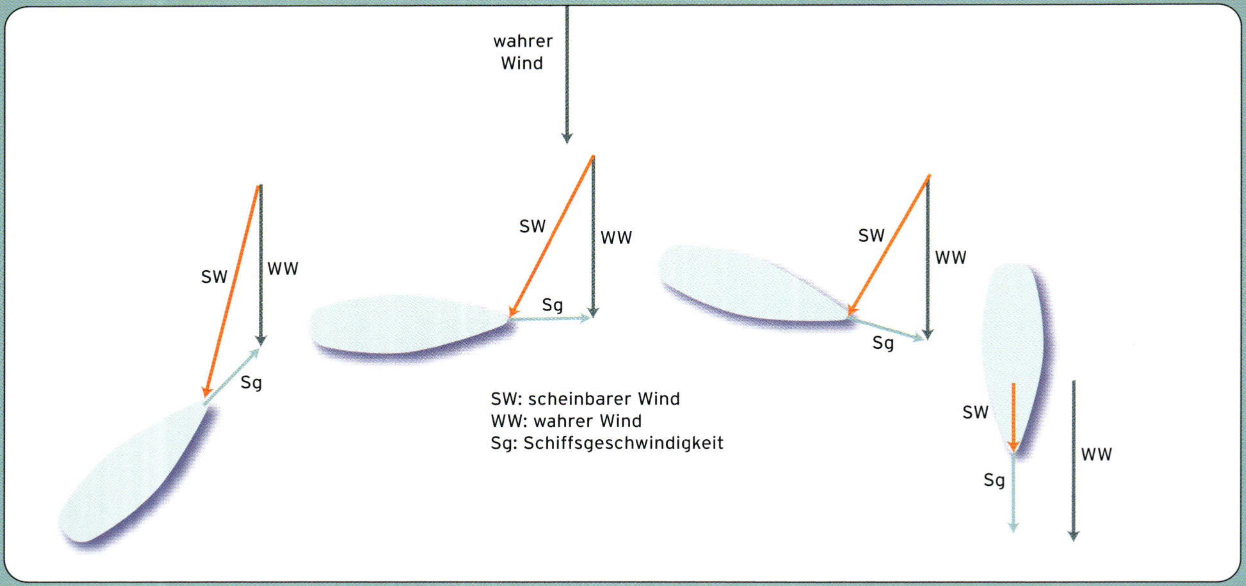

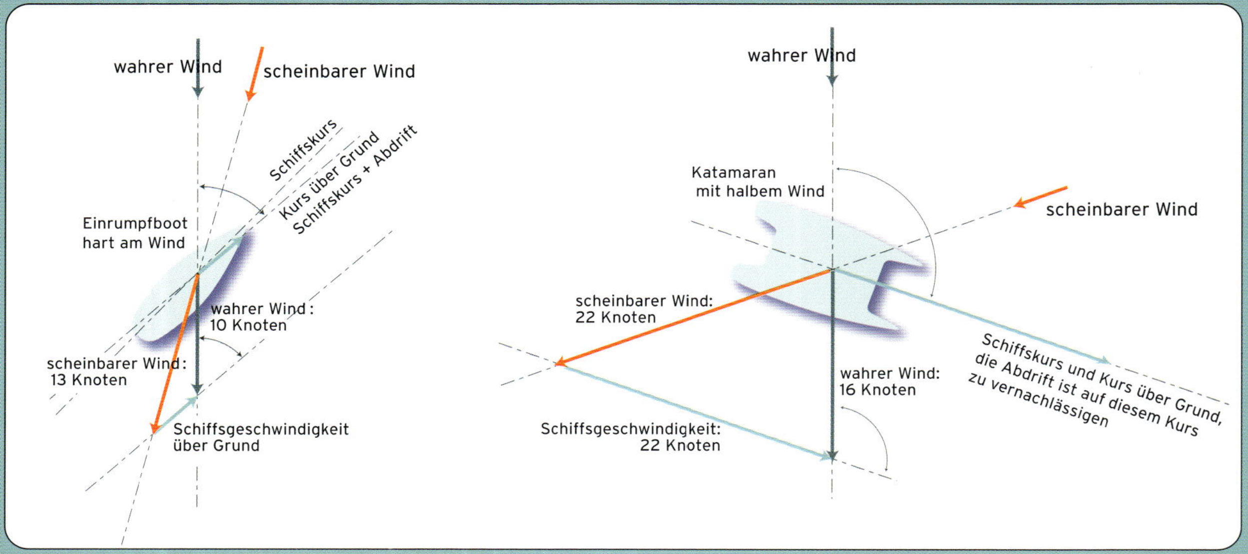

Von der Relativität des Windes

Den wahren Wind beobachtet man von einem festen Beobachtungspunkt. Den scheinbaren Wind empfindet man, wenn man sich selbst bewegt. Dabei verbindet sich die Fortbewegungsgeschwindigkeit mit dem wahren Wind und verändert seine Stärke, häufig auch seine Richtung. Additionen und Subtraktionen beim Radfahrer geben eine gute Vorstellung von diesen Begriffen. Komplizierter wird es bei einem Schiff, das verschiedene Kurse fährt. Um hier Klarheit zu schaffen, benötigen wir eine Abbildung mit maßstabgerechten Vektoren, die möglichst genau die Richtung und Geschwindigkeit des wahren Windes (WW) und des Schiffes (Sg) darstellt. Nun muss nur noch das Dreieck ergänzt werden, um den scheinbaren Wind (SW) darzustellen. Fügt man allerdings noch einen eventuellen Abdriftwinkel hinzu (unten links), wird alles wieder deutlich komplizierter.
Der Katamaran in der letzten schematischen Darstellung zeigt, wie ein leistungsfähiges Segelboot schneller als der Wind sein kann, indem es für einen stärkeren scheinbaren Wind sorgt, der es noch schneller macht, und so weiter – bis der Effekt an seine Grenzen stößt, weil der Winkel des scheinbaren Windes immer spitzer wird.

Leichte und raffinierte Segelboote wie der Hydropter (ein atypischer Tragflächen-Trimaran), der 60-Fuß-Trimaran Banque Populaire oder der Riesenkatamaran Code One können die Windgeschwindigkeit bei Weitem überbieten.

Schneller als der Wind

Ein modernes Surfbrett kann eine Geschwindigkeit von 30 Knoten erreichen, wenn es von einem Wind angetrieben wird, der mit nicht mehr als 20 Knoten unterwegs ist. Dies gilt auch für viele Wettkampf-Mehrrumpfboote. Bei schwachem Wind sind auch einige Einrumpfboote zu solchen Spitzenleistungen fähig: Eine Brise mit vier Knoten (das entspricht nur Windstärke 2) reicht aus, um eine *Class America* mit sechs Knoten dahingleiten zu lassen. Der Schlüssel zu diesem Wunder liegt im relativen (oder scheinbaren) Wind, der entsteht, wenn man sich bewegt. Der wahre Wind ist, wie der Name schon sagt, der »echte« Wind, den man messen kann, wenn man sich selbst nicht bewegt. Fahrtwind bezeichnet die Luftströmung, die durch die Fortbewegung des Beobachters erzeugt wird. Und der scheinbare Wind entspricht der Verbindung von beiden. Fährt man mit dem Fahrrad mit 30 Kilometern pro Stunde gegen einen Wind, der mit 20 Kilometern pro Stunde weht, dann wird der Fahrtwind zum wahren Wind hinzugerechnet und bildet den scheinbaren Wind von 50 Kilometern pro Stunde (das sind 27 Knoten, also fast Windstärke 7). So scheinbar er auch sein mag, hat er doch nichts Virtuelles an sich: Die empfundene aerodynamische Bremswirkung ist sehr wohl die eines starken Windes! Entscheidet man sich vernünftigerweise umzukehren, wird der Fahrtwind vom wahren Wind abgezogen, und man spürt jetzt nur noch einen Wind im Gesicht, der nicht schneller als zehn Kilometer pro Stunde scheint.
Was auf dem Fahrrad sehr störend sein kann, wird auf einem schnellen Segelboot bei bestimmten Fahrgeschwindigkeiten zu einem wahren Segen. Je schneller es fährt, desto mehr verstärkt sich der Wind, dadurch wird das Boot noch schneller, und so weiter. Leider geht diesem »Engelskreis« schließlich die Luft aus, denn die Beschleunigung begnügt sich nicht damit, den scheinbaren Wind zu verstärken, sondern sie verändert auch seine Richtung, sodass er sich immer mehr der Schiffsachse nähert, bis es nicht mehr möglich ist, die Segel noch stärker beizuholen. Dieses Prinzip findet man bei allen Geräten, die an Land oder auf Eis mit einem Segel funktionieren.

‹ Die feinen modernen Segel und die Festigkeit ihres Materials erlauben den Regattabooten einen Kurs sehr hart am Wind.

Klassische Schiffe wie der herrliche Schoner Addix sind aerodynamisch betrachtet zwar ungünstiger, sie machen aber dafür in Sachen Schönheit viele Pluspunkte!

Drachen: Spielzeug oder Hilfsmittel der Wissenschaft

Segeln und Windsurfen waren natürlich weder die ersten noch die einzigen Freizeitaktivitäten, bei denen der Wind genutzt wird. Vor über 2500 Jahren nahm der Drachen bereits einen wichtigen Platz im Leben der orientalischen Völker ein. Er diente abwechselnd als dekoratives und festliches Objekt, Spielzeug oder religiöses Symbol.
Anfangs als einfache Konstruktion aus Bambus und Seide, später aus Hadernpapier – aus Lumpen hergestellt – wurde er bald kunstvoll gestaltet und erwies sich als sehr vielseitig. Die Krieger lernten zum Beispiel, Drachen einzusetzen, um die Feinde in Angst und Schrecken zu versetzen: 200 Jahre vor unserer Zeitrechnung hatte ein chinesischer General in der Nacht kleine Harfen an seine Drachen gehängt, um die feindlichen Truppen zu erschrecken, die an böse Geister glaubten. Später wurden Drachen auch zur Überwachung der Feinde und im zivilen Leben zu vielerlei Zwecken genutzt. Im 18. Jahrhundert führten Wissenschaftler Experimente in der Höhe durch, wie beispielsweise Benjamin Franklin, der seinen Drachen in einem Unwetter aufsteigen ließ, um die Wirkung von Blitzen zu beobachten. Später dann, ab dem 19. Jahrhundert, nutzten Meteorologen Drachen als wertvolle Hilfsmittel für ihre Beobachtungen. Drachen dienten auch der Sicherheit, wie der »Gibson Girl«, der im Zweiten Weltkrieg das Leben zahlreicher amerikanischer Flugbesatzungen rettete, deren Flugzeuge ins Meer gestürzt waren. Der gelbe Drachen war Teil der Seenotausrüstung, er erleichterte die Ortung ins Meer gestürzter Besatzungen und diente zugleich als Antenne für einen Notrufsender.
Die spielerische Komponente des Drachens ist aber ebenfalls noch immer aktuell, wie die alte Tradition der Drachenkämpfe belegt, die in asiatischen Ländern, insbesondere in Indien noch sehr lebendig ist. Bei diesen Kämpfen muss man versuchen, die Schnur des Gegners zu durchtrennen, indem man geschickt die eigene Schnur führt, die zuvor mit zerstoßener Eierschale oder Glaspulver präpariert wurde, damit eine Schleifwirkung entsteht, wenn die Leinen aneinanderreiben.
Das merkwürdige Flugobjekt hat keinesfalls ausgedient, wie das neuerliche Interesse belegt, das es seit etwa 20 Jahren genießt, nachdem neue Einsatzmöglichkeiten entwickelt wurden. Das sind zum einen die akrobatischen Drachen. Diese einfachen und nervösen Modelle aus modernen Materialien, mit denen erstaunliche Figuren erzielt werden können, bezaubern Anfänger ebenso wie Fortgeschrittene, die ihre Drachen Stück für Stück verbessern.

In eine völlig andere Kategorie gehört die Entwicklung von Gleitschirmen, die einen schon vergessen geglaubten Traum wiederaufleben lassen: Drachen als Antriebsmittel zu nutzen. Bereits 1826 war es dem Engländer Georges Pocock gelungen, ein Fahrzeug von zwei konventionellen Drachen ziehen zu lassen. Im Jahr 1901 gelang dem Amerikaner Samuel Franklin Cody die Überquerung des Ärmelkanals an Bord eines Bootes, das auf diese Art fortbewegt wurde.
Im 20. Jahrhundert widmete man sich anderen Technologien; die alten Forschungsarbeiten gerieten in Vergessenheit, wurden in den 1990er-Jahren aber wieder aus der Versenkung geholt. Dies ist insbesondere den bretonischen Brüdern Le Gaignoux zu verdanken, denn sie entwickelten und vermarkteten die ersten Drachenschirme, die jedes beliebige kleine Boot ziehen konnten.
So entstand das Kitesurfen, eine sehr sportliche Betätigung auf einem winzigen Brett, bei der man das Wesentliche nicht vergessen sollte: Hinter dem minimalistischen Gerät verbirgt sich ein enormes Potenzial. Boote, die ausschließlich von Segeln dieses Typs fortbewegt wurden, haben bereits beträchtliche Strecken zurückgelegt. So überquerte Nicole Van de Kerchove 1995 den Atlantik. Dieses seltsame »Segel«, das weder einen Mast noch eine komplizierte Takelage benötigt, wird uns sicher noch oft überraschen.

Höhe gewinnen

Seit Ikarus haben die Menschen immer wieder davon geträumt, den Vögeln in der Luft Gesellschaft zu leisten. Dieser Traum ist dank einiger Vorreiter wie Sir George Cayley, dem Urheber des ersten Gleitflugs 1804, und vor allem dank Otto Lilienthal Wirklichkeit geworden. Lilienthal führte Ende des 19. Jahrhunderts bahnbrechende Überlegungen und beachtliche Experimente durch, die sich sowohl mit dem Profil der Flügel als auch mit der Technik der Steuerung beschäftigten. Er errichtete sogar in der Nähe von Berlin einen künstlichen kegelförmigen Hügel, um unabhängig von der Windrichtung seine Maschinen testen zu können! Seine Arbeiten waren nicht nur für die Entwicklung der Segelflugzeuge, sondern für Fortschritte in der gesamten Luftfahrt mitbestimmend.
Wer heute die Landschaft nur unter Ausnutzung der Luftströme von oben betrachten möchte, hat die Wahl zwischen einem Segel-, Drachen- oder Gleitschirmflug.

Der Segelflug erfolgt mit einem konventionellen Segelflugzeug, das von einem Flugplatz aus genutzt wird. Dabei handelt es sich um einen Ein- oder Zweisitzer aus Fiberglas oder Karbonfaser. Er hat eine Spannweite von 15 bis 25 Metern, eine Rumpflänge von sechs bis acht Metern und ein Gewicht zwischen 250 und 450 Kilogramm. Zum Abheben wird das Fluggerät von einem Motorflugzeug oder einem sehr langen Seil gezogen, das auf einer motorisierten Winde am Ende der Piste aufgewickelt ist. So bekommt der Segler die erforderliche Geschwindigkeit, um eine Höhe von mindestens 300 Metern zu erreichen, in der der Pilot die Vorrichtung ausklinken kann. Ab dann müssen nur noch die Aufwinde geschickt genutzt werden, um möglichst lange in der Luft zu bleiben und die gewünschte Strecke zurückzulegen.
Unter der Bezeichnung Drachen und Gleitschirm werden die leichteren Geräte zusammengefasst, Hängegleiter und Paraglider (sowie ihre Varianten, Starrflügler und Cage). Die technischen Optionen und die Art des

Drachen über Cannon Beach im amerikanischen Bundesstaat Oregon.

Segelflugzeug, Hängegleiter, kunstflugtauglicher Doppeldecker: drei völlig unterschiedliche Möglichkeiten, sich dem Himmel zu nähern, die aber alle mit denselben Luftströmungen umgehen müssen.

Dank der Gleitschirme wurde der Traum des Ikarus mit einem sehr einfachen Gerät Wirklichkeit: eine simple Stoffhülle und einige Leinen. Damit kann man, getragen von Aufwinden, stundenlang durch die Lüfte gleiten.

Der Drachen ist zwar teurer und unhandlicher als der Gleitschirm, seine Gleitzahl ist aber größer (etwa 15). Außerdem erreicht er höhere Geschwindigkeiten (bis 120 Kilometer pro Stunde, während der Gleitschirm kaum über 50 Kilometer pro Stunde hinauskommt).

Steuerns sind unterschiedlich, gemeinsam ist ihnen jedoch ihre relative Autonomie (gestartet wird ohne äußere Hilfe von einem hohen Startpunkt oder entsprechendem Geländeprofil aus) und natürlich die Notwendigkeit, mit den Aufwinden zu spielen.
Sowohl das Segel- als auch das Gleitschirmfliegen wird zum Vergnügen oder im Rahmen von Wettkämpfen betrieben. Bei Wettkämpfen besteht die Aufgabe meist darin, eine bestimmte Strecke in möglichst kurzer Zeit zurückzulegen. Mit Blick auf die Autonomie gerät man bei den erzielten Werten geradezu ins Schwärmen, denn die Meister dieser Disziplin sind in der Lage, fast 1500 Kilometer ohne Zwischenlandung zurückzulegen. Damit bleiben sie jedoch immer noch weit hinter den Entfernungen zurück, die von Ballonen bewältigt werden, diese können sich vom Wind über Ozeane oder Kontinente, ja sogar um die ganze Welt treiben lassen. Allerdings setzen Segelflieger ausschließlich auf den Wind, während Ballonfahrer in ihren »Leichter-als-Luft«-Transportmitteln eine nicht unbeträchtliche Menge an Treibstoff verbrauchen, um die Höhe zu halten.

Wind-Versuchsanstalten

Statt in seiner Freizeit »echten« Wind zu nutzen, kann man sich aus vielerlei Gründen auch bemühen, Wind zu erzeugen. Der gute alte Ventilator ist in Wohnungen, die sich in heißen und windstillen Gegenden befinden, sehr willkommen. Auch wenn der Ventilator keine wirkliche Kühlung bringt, gelingt es ihm doch wenigstens, diesen Eindruck zu vermitteln, indem er den Wärmeverlust über die Haut fördert. Es geht aber auch besser und ohne Energieverbrauch durch eine angemessene Architektur, die automatisch für Luftbewegung sorgt, wie das Beispiel traditioneller Häuser Ozeaniens oder der persischen Windtürme zeigt (siehe Kapitel VIII). Der künstliche Wind nimmt in allen Industriebereichen zunehmend mehr Platz ein. Seit der Mensch Ende des 19. Jahrhunderts auf die Idee kam, »Windkanäle« zu bauen, um die Form von Flugmaschinen zu testen, vermehren sich diese Anlagen ständig und werden zunehmend verfeinert. Gustav Eiffel hatte am Fuß seines berühmten Turms in Paris einen Windkanal gebaut. Seit Anfang der 1930er-Jahre können im großen Windtunnel von Meudon Flugzeuge in Originalgröße getestet werden. Hier erzeugen sechs Riesenventilatoren mit 8,7 Meter Propellerdurchmesser eine Windgeschwindigkeit von 180 Kilometer pro Stunde. Caravelle und Concorde wurden hier geprüft, aber auch, so erstaunlich das angesichts ihrer Formen scheinen mag, legendäre Modelle wie der 4 CV von Renault und der VW Käfer! Heute gibt es kein Auto, keinen Zug und keine sonstige rollende Maschine, die während ihrer Entwicklung nicht die Bekanntschaft eines Windkanals macht, damit der schicksalhafte c_W-Wert, der Strömungswiderstandskoeffizient, berechnet werden kann. Selbst unbewegliche Objekte kommen diesem Test nicht aus: Versuchsmodelle von Hochhäusern oder Hängebrücken werden ebenfalls im Windkanal analysiert, damit ihr Verhalten bei starkem Wind beurteilt werden kann. Teilnehmer anspruchsvoller Regatten lassen die Wirksamkeit der Profile ihrer Segel überprüfen. Darüber hinaus finden Wissenschaftler Antworten auf viele Fragen über Strömung oder Verwirbelung von Abgasen, Rauch oder Sandbewegungen. Ganz zu schweigen natürlich von allen Bereichen, die mit der Luftfahrt zu tun haben. Die technischen Möglichkeiten wurden beständig weiterentwickelt: In großen Windkanälen kann man mittlerweile Fahrgeschwindigkeiten bis Mach 25 (das entspricht der 25-fachen Schallgeschwindigkeit) simulieren.

Für Helme und Fahrräder werben die Hersteller oft damit, dass die Produkte im Windkanal getestet wurden!

1
2
3
4
5
6

05

Zwei Montgolfieren gleiten sanft über die Île aux Moines (Mönchsinsel) im Golf von Morbihan.

In den Lüften

Eine Frage des Auftriebs

Was verhindert, dass ein Flugzeug, ein Segelflugzeug oder ein Gleitschirm vom Himmel fällt? Zunächst einmal ist seine Geschwindigkeit entscheidend, denn die Flügel stellen, selbst wenn sie noch so groß sind, ohne Luftzirkulation keine große Hilfe dar. Getragen wird das Ganze durch den Auftrieb aufgrund des Druckunterschieds zwischen Profilunterseite (unter dem Flügel) und Profiloberseite (Flügeloberseite), da sich wie beim Segel eines Schiffes die Luftströmungen auf der konkaven Seite verlangsamen und auf der konvexen Seite beschleunigen. Der große Unterschied zwischen motorisierten und nicht motorisierten Fluggeräten besteht darin, dass die ersten ihre Geschwindigkeit selbst erzeugen und daher auf gleichbleibender Höhe fliegen können, während die zweiten die Geschwindigkeit, die für den Auftrieb nötig ist, nur erreichen können, indem sie sich in einer beständigen leichten Abwärtsbewegung befinden, also ständig an Höhe verlieren.
Es gibt einen Wert, der ihre Fähigkeit zu gleiten verdeutlicht: Das sogenannte Gleitverhältnis ist das Verhältnis zwischen Höhenverlust und zurückgelegter horizontaler Strecke. Die meisten Segelflugzeuge haben eine Gleitzahl von 40, ausgehend von einer Höhe von einem Kilometer, können sie also 40 Kilometer gleiten, bevor sie den Boden berühren. Einige sehr leistungsfähige Modelle können eine Gleitzahl von 60 erreichen. Ein Gleitschirm mit seinem nachgiebigen und relativ kompakten Flügel kann nicht dieselbe Leistung erbringen wie ein starres Segelflugzeug, seine Gleitzahl beträgt höchstens 10. Die optimale Gleitzahl wird mit einem langen und schmalen Flügel erreicht und natürlich mit einem perfekten Profil und Oberflächenzustand. Linienflugzeuge begnügen sich je nach Modell mit Werten zwischen 15 und 25.

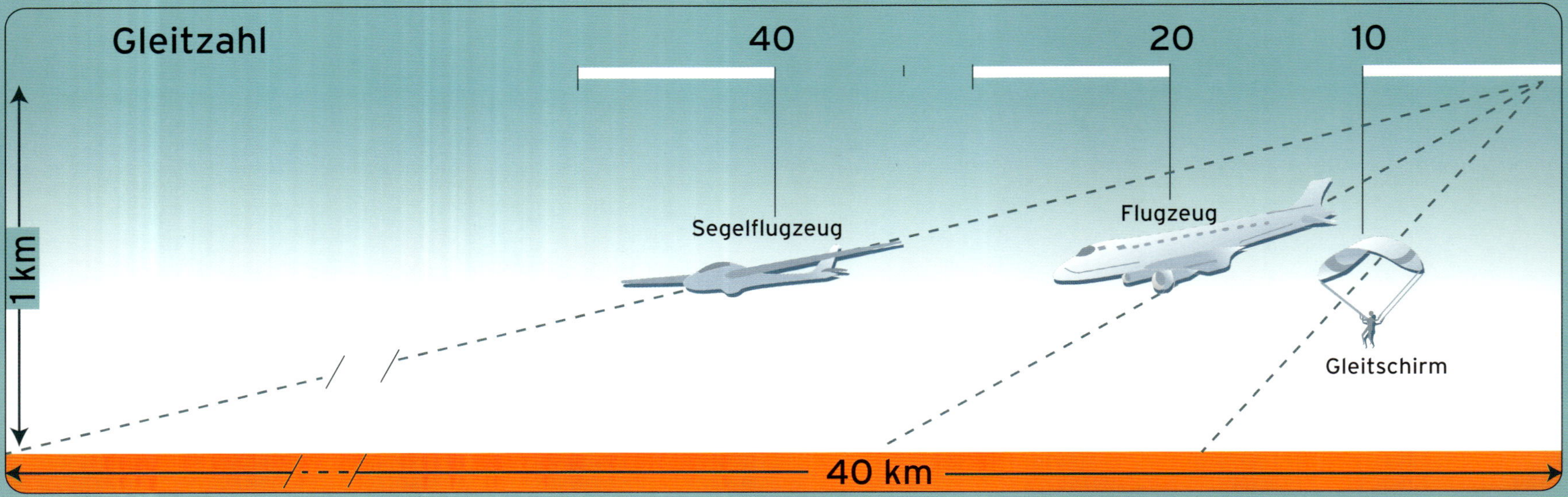

Gleitzahl
40
20
10
1 km
Segelflugzeug
Flugzeug
Gleitschirm
40 km

1

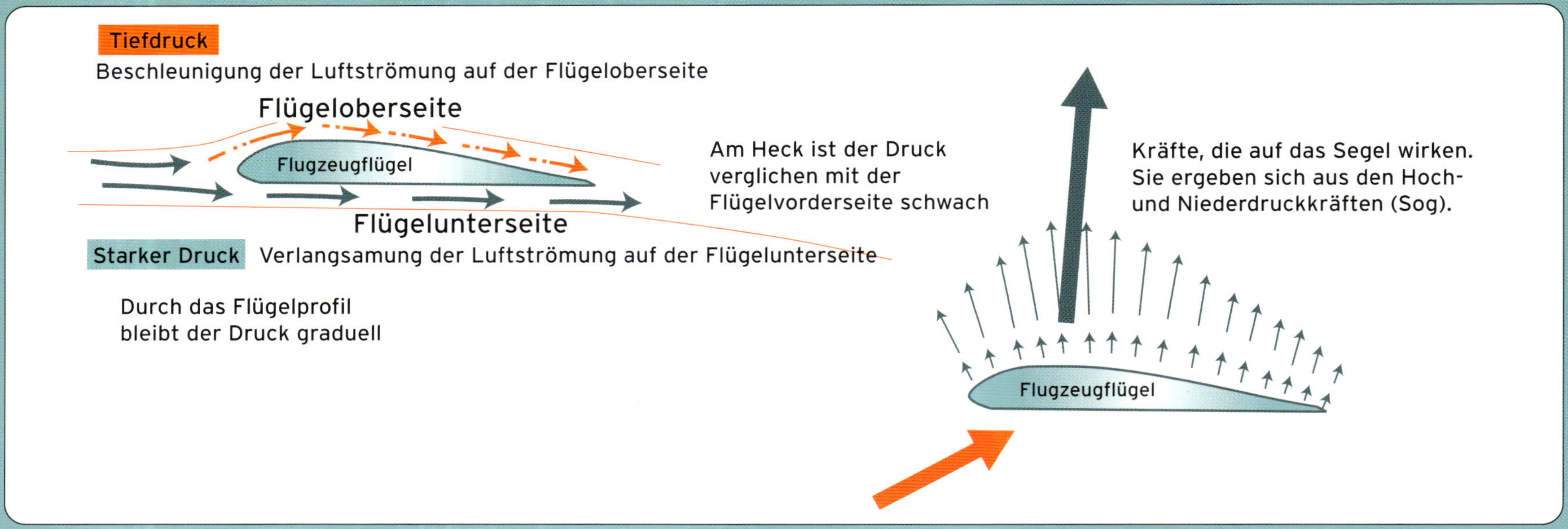

Tiefdruck
Beschleunigung der Luftströmung auf der Flügeloberseite
Flügeloberseite
Flugzeugflügel
Flügelunterseite
Starker Druck
Verlangsamung der Luftströmung auf der Flügelunterseite
Durch das Flügelprofil bleibt der Druck graduell
Am Heck ist der Druck verglichen mit der Flügelvorderseite schwach
Kräfte, die auf das Segel wirken. Sie ergeben sich aus den Hoch- und Niederdruckkräften (Sog).
Flugzeugflügel

2

Lenticulariswolken
Lenticulariswolken
orografische Wellen
Rotor
Wirbel
Rotor

3

Oben: Der Pelikan versteht sich wie die meisten Vögel perfekt auf die Kunst des Gleitflugs und die Nutzung der Aufwinde.

Das Spiel mit den Wolken ist hinreißend – vorausgesetzt, man wahrt Distanz: Die Bewegungen im Inneren einer Wolke übersteigen rasch die Belastbarkeit eines leichten Fluggeräts.

Eine Rafale kurz vor dem Aufsetzen auf dem Flugdeck. Ein Flugzeugträger ist das einzige Flugfeld, das nach Bedarf einen scheinbaren Wind erzeugen kann, um den Piloten zu unterstützen.

1. Die Gleitzahl

Diese Zahl entspricht der horizontalen Strecke (in Kilometern), die ein Fluggerät aus 1000 Meter Höhe zurücklegen kann, bevor es die Erde berührt.

2. Der Auftrieb eines Flugzeugflügels

Das Prinzip ist in etwa dasselbe wie bei einem Schiffssegel hart am Wind. Es geht um den Druckunterschied zwischen der Flügelober- und Flügelunterseite, die dem Flugzeug oder dem Segelflugzeug den erforderlichen Auftrieb verschafft. Dieser Auftrieb existiert nur, wenn die Strömung am Flügel anliegt: Ist das Tempo zu langsam, stürzt das Flugzeug ab.

3. Orografische Wellen

Angesichts hoher Berge können sich regelrechte Wellen bilden, deren Bewegung sich weit über den Berg hinweg fortsetzt. Der Wellenkamm wird häufig in Form von Lenticulariswolken sichtbar. Bei einer derartigen Konstellation können Segelflieger sehr viel höher steigen als durch den einfachen thermischen Auftrieb von Kumuluswolken, zum Teil sogar höher als beim klassischen Flug von Bergkamm zu Bergkamm.

Höhe gewinnen

Segel- und Drachenfliegen führt also notwendigerweise immer »abwärts«, und man muss immer wieder eine Möglichkeit zum Aufsteigen finden, wenn der Ausflug nicht zu kurz ausfallen soll. Die Aufgabe des Piloten besteht also darin, Aufwinde zu finden.
In flachem Gelände kann er nur auf die Thermik zählen, mit anderen Worten auf konvektive Phänomene, die über wärmeren Zonen eintreten (aufgrund der Bodenbeschaffenheit oder Farbe). Dort bildet sich dann eine aufsteigende Luftsäule, die häufig von einer Kumuluswolke gekrönt wird. Die Technik besteht darin, sich spiralförmig nach oben tragen zu lassen, dort die Säule zu verlassen und bis zum nächsten »Lift« abwärtszugleiten.
Sobald man sich über einem Relief befindet, das nur sehr geringfügig senkrecht zum Wind liegen muss, sind – luvseitig – Hang-Aufwinde festzustellen, die von der Ebene bis zum Gipfel reichen. Ein solches Terrain ist für Paraglider und Drachenflieger optimal. Um es zu nutzen, bewegt man sich parallel zur Gipfellinie zum Hang hin und von ihm fort, ohne den Hang jedoch zu überqueren, denn die Gegenseite ist natürlich eine Gefahrenzone mit unregelmäßigen Abwärtsströmungen und gefährlichen Abwindböen.
In Bergregionen wird auch der Wellenflug (oder Bolzenflug) praktiziert, der seinen Namen von der Wellenform des Windes erhalten hat – mit einem Profil, das an die Dünung im Meer erinnert –, nachdem er an ein hohes Relief gestoßen ist. Diese Wellen werden häufig durch Rotor- oder Lenticulariswolken sichtbar. Ein Segelflieger, der die Aufwindphase gut erwischt, kann beträchtliche Höhen erreichen (bis zu 15 000 Meter). Da darf er das Atemgerät nicht vergessen.

Der beständige Passatwind vor den Küsten des brasilianischen Bundesstaates Ceará ermöglicht es den Fischern, ihrem Beruf weiterhin an Bord der einfachen Jangadas nachzugehen.

Altbekannte Energie – noch immer aktuell

Altes Wissen wird neu entdeckt!

Der Wind, dieser treue, aber vernachlässigte Begleiter der Zivilisation, kann sein Comeback genießen. Vor gut 100 Jahren haben wir seine Nutzung weitgehend eingestellt und uns auf die reichlich vorhandene und preiswerte fossile Energie konzentriert – wenig vorausschauend, wie sich heute zeigt. Doch nun steht der Wind kein bisschen nachtragend bereit, um den Dienst wieder aufzunehmen, nachdem der Konkurrent seine Versprechen nicht halten konnte.

Die Geschichtsschreibung wird festhalten, dass die Menschheit sehr viel früher zur Nutzung der Windenergie hätte zurückkehren können – nämlich bereits Mitte des 20. Jahrhunderts –, wäre sie den Warnungen einiger weitblickender Menschen nicht nur mit Gleichgültigkeit begegnet. Worüber angeblich erst heute Gewissheit erlangt wird – das Versiegen der Ressourcen und der gefährliche Einfluss einiger menschlicher Aktivitäten auf die Zukunft unseres Planeten –, wurde damals bereits in Kreisen wie der »IUCN – The World Conservation Union« erörtert. Bei den damaligen Versammlungen konnte man bereits Redner hören, die erklärten, dass »Naturschutz kein Luxus, sondern eine Notwendigkeit« sei.
Der Amerikaner Fairfield Osborn, Präsident der Zoologischen Gesellschaft von New York, hatte im Übrigen bereits 1948 mit seinem Werk *Our Plundered Planet* den Nagel auf den Kopf getroffen (unter dem Titel *Unsere ausgeplünderte Erde* 1950 auf Deutsch erschienen), das den Brandmeldungen, die heute zuhauf in den Buchhandlungen zu finden sind, in nichts nachsteht.
Für die Umwelt spielt der Wind eine ambivalente Rolle. Er ist in der Lage, toxische Substanzen über weite Entfernungen zu verteilen, er kann aber auch die Atmosphäre reinigen, indem er den Smog über Großstädten zerstreut. Sein Energiepotenzial hingegen ließ die Menschen zu allen Zeiten träumen, da es kostenlos und unerschöpflich ist.

Die kuriosen persischen Mühlen

Die Welt entdeckt also den Wind neu, der 7000 Jahre lang den menschlichen Fortschritt gefördert hat, zumindest was den Handel und die Erforschung der Erde anbelangt. Abgesehen vom Segeln nämlich – das seit dem 5. Jahrhundert vor unserer Zeitrechnung allgemein verbreitet war –, sind Anlagen, mit denen die Windenergie genutzt werden kann, noch relativ neu. Dabei stellt man sich gerne das antike Griechenland mit seinen vielen Windmühlen vor und Odysseus, der sich beim Navigieren an ihnen orientierte. Doch diese Überlieferungen sind alles andere als gesichert. Selbst wenn in Asien und Ägypten vor Christi Geburt gelegentlich solche Mühlen erwähnt werden, sind die ältesten dieser Bauwerke erst im 7. Jahrhundert unserer Zeitrechnung in Persien nachweisbar. Diese ersten Windmühlen sahen im Übrigen deutlich anders aus als die Modelle, die drei Jahrhunderte später in den Ländern des Nordens auftauchten und die dann ab dem 12. Jahrhundert in ganz Europa zu finden waren.
Die persische Mühle hatte nämlich eine vertikale Achse (bei den Mühlen, die wir heute kennen, ist sie horizontal), und das System der Schaufelblätter befand sich vollständig im Gebäude. Öffnungen in den Mauern gaben dem Wind den Weg ins Innere frei, wo er dann das Rad in Bewegung setzen konnte.

Der Turm der Winde (im Hintergrund) in Athen zeugt davon, welchen Stellenwert die Winde in der griechischen Zivilisation hatten.

Fehlt der Wind, kann die Luftverschmutzung in der Stadt zunehmen.

Andere Völker – insbesondere die Römer – hatten bereits vor der Erfindung der Windmühlen Mahlsteine genutzt. Dabei handelte es sich aber immer um einen Mechanismus, der von Sklaven oder Tieren bewegt wurde (daher auch die Bezeichnung »Tretmühle«). Offenbar war niemand auf die Idee gekommen, die Windkraft zu nutzen um Mensch und Tier zu schonen. Seit dem Mittelalter wurde diese schöne Erfindung dann besonders geschätzt, weil sie für die Bauern eine echte Ersparnis darstellte. Traditionell erhob nämlich jeder Grundherr Steuern für die Nutzung der Flüsse, die auf seinem Grund und Boden flossen, also auch auf die Wassermühlen. Da der Wind ein Luftstrom mit nicht genau definierten Eigenschaften und Merkmalen ist und er deshalb von den Landbesitzern nicht so leicht besteuert werden konnte, kam das Volk endlich in den Genuss kostenloser Energie!
Auch in der Antike hatte es bereits Versuche gegeben, den Wind für weitere Arbeiten zu nutzen, und nicht nur für die Schifffahrt. In der ägyptischen Zivilisation finden sich Hinweise auf »Windwagen«, und die Erbauer der Chinesischen Mauer im 3. Jahrhundert v. Chr. nutzten für den Materialtransport »Segelschubkarren«.

Die ersten Windkraftanlagen

Als das Prinzip der Windmühle erkannt war, konzentrierte sich die Erfindungsgabe der »Designer« auf die Form der Flügel, um den Ertrag und die Bedienungsfreundlichkeit zu verbessern. Anfangs einfach aus gespanntem Leinen, wurden sie in den Niederlanden ab dem 16. Jahrhundert unsymmetrisch gebaut. Allmählich erdachte man immer kunstvollere Profile, die auf verschiedene Arten perfektioniert wurden: Die Schotten erfanden »Jalousieflügel« mit beweglichen Klappen und es gab sogar eine Vorrichtung zur automatischen Rotorausrichtung, sodass sich die Flügel immer in der optimalen Position befanden. Die Franzosen Vater und Sohn Berton entwickelten ein System, mit dem sich die Oberfläche und Form der Flügel automatisch an die Windstärke anpassten.
Das Ziel hingegen blieb stets dasselbe, es sollte ein Mühlrad bewegt oder

< Im Pariser Westen. Hier galt die Luft schon immer als gesünder, da die Industriebetriebe im Osten liegen und die vorherrschenden Winde aus westlicher Richtung wehen.

Die Kykladen (Griechenland). Ihre Bewohner haben es rasch verstanden, aus dieser großzügig angebotenen Energie Nutzen zu ziehen.

Nicht zu verwechseln: Windkraftanlagen produzieren Strom, traditionelle Windmühlen mahlen zum Beispiel Mehl, und Windpumpen dienen der Bewässerung. Letztere sind sehr häufig in ländlichen Gebieten Europas oder Amerikas anzutreffen, sie pumpen das Wasser aus unterirdischen Speicherbecken.

Die Windkraft nutzen

Wind ist eine bewegte Luftmasse, also kinetische Energie. Er übt pro Quadratmeter proportional zu seiner Geschwindigkeit Druck aus. Möchte man den Wind für große Aufgaben nutzen – ob zum Segeln oder um seine Energie in Strom umzuwandeln –, muss er daher kräftig wehen. Daneben braucht man eine möglichst große Windangriffsfläche.
Eine Windkraftanlage beispielsweise, die mit einem 54 Meter großen Rotor ausgestattet ist, nutzt eine Luftscheibe von 2300 Quadratmeter Fläche. Bei einer Windgeschwindigkeit von neun Metern pro Sekunde (Stärke 5) beträgt die Windleistung etwas mehr als 400 Watt pro Quadratmeter, der Windsektor, der den Rotor durchströmt, hat also eine Leistung von fast 1000 Kilowatt, also ein Megawatt.
Natürlich kann die Maschine nicht die gesamte Windkraft nutzen: Würde man versuchen, sie komplett einzufangen, indem man statt Flügelrad luftundurchlässige Mauern errichtet, würden sich die Luftströmungen an der Mauer teilen und sie umfließen, und man hätte keinerlei Energie daraus gewonnen! Die Rotorblätter drehen sich nur, wenn sich die Anlage damit begnügt, die Luftzirkulation zu bremsen, ohne sie zu unterbrechen. Es wäre in diesem Zusammenhang übrigens unpassend, von Energieverlust zu sprechen. Hier geht nichts verloren: Die Windkraftanlage verwertet einen Teil der Windenergie, der übrige Wind weht weiter und dient andernorts vielleicht einem Segelboot oder einer Windmühle.
Das nach dem gleichnamigen deutschen Physiker benannte Betz-Gesetz gibt die Grenzen dieses Spiels an. Damit wird nachgewiesen, dass niemals mehr als 59 Prozent der kinetischen Windenergie in mechanische Energie umgewandelt werden können. In der Praxis wird die Ausbeute wegen aerodynamischer und mechanischer Störungen noch geringer sein.
Die oben beschriebene Windkraftanlage kann also mit einem Generator von einem Megawatt ausgerüstet sein, sie wird diese Leistung aber nur bei Windgeschwindigkeiten über neun Metern pro Sekunde erreichen.

Windgeschwindigkeit (in m/s)	Entsprechende Beaufort-Windstärke	Windleistung (in Watt/m²)*
1	1	1
2	2	5
3	2	17
5	3	77
7	4	210
9	5	447
11	5	815
13	6	1346
15	7	2067
17	7	3009
19	8	4201
21	8	5672
23	9	7452

* bei einer Luftdichte von 1,225 kg/m³, das entspricht einem Durchschnittswert trockener Luft auf Höhe des Meeresspiegels bei einer Temperatur von 15 °C.

eine Wasserpumpe in Gang gesetzt werden, um die Anbauflächen zu bewässern. Dem Dänen Paul La Cour verdanken wir Ende des 19. Jahrhunderts die Eröffnung neuer Perspektiven. Abgesehen von der Entwicklung wirkungsvoller verwundener Flügel, die sich immer stärker den heutigen Profilen annäherten, baute dieser Ingenieur die ersten Windkraftanlagen, die Strom erzeugten. Und bereits nach Ende des Ersten Weltkriegs verfügte Dänemark über zahlreiche Windkraftwerke. Das System verbreitete sich in ganz Europa; in Frankreich befasste sich das Institut aérotechnique de Saint-Cyr-l'École seit dem frühen 20. Jahrhundert aktiv mit dem Thema. Diese und die Forschungsarbeiten von BEST (Bureau d'études scientifiques et techniques) von Lucien Romani führten in den 1950er-Jahren dazu, dass einige Projekte wie die dreiteilige Windturbine in Nogent-le-Roi mit einer Leistung von 800 Kilowatt verwirklicht wurden. Diese eindrucksvolle Testanlage war bis Anfang der 1960er-Jahre in Betrieb, dann wurde die Energiequelle wegen der leichten Zugänglichkeit von Erdöl und den Verheißungen der Atomenergie für überflüssig erklärt.

In Spanien gibt es mehr Windräder als in den USA!

50 Jahre später ist die Windkraft also wieder rehabilitiert, beinahe zumindest, denn während sie ein hervorragendes Image genießt – schließlich sind erneuerbare Energien hoch im Kurs –, sind der politische Wille und die Investitionen auf diesem Gebiet noch weit davon entfernt, mit anderen Energiesektoren gleichzuziehen.
Aber die Idee ist auf einem guten Weg, in Ländern wie Deutschland, Spanien und Dänemark in raschem Tempo – Dänen und Deutsche sind weltweit führend in der Herstellung von Windkraftanlagen. In den USA verläuft die Entwicklung etwas langsamer, auch wenn es dort Anfang der 1980er-Jahre mit den ersten großen Windkraftparks in Kalifornien gute Ansätze gab. Obgleich die USA flächenmäßig 20-mal größer sind als Spanien, gibt es dort heute weniger Windräder! In Asien besitzt Indien die meisten Anlagen, auch hier ist, wenn man die Landesgröße berücksichtigt, die Gesamtzahl eher bescheiden – fünf Mal weniger als in Deutschland. Frankreich produzierte mit gerade einmal 1000 Megawatt im Jahr 2006 fast 20-mal weniger als der deutsche Nachbar und hinkt damit in der Europäischen Union hinterher, in der 60 Prozent der weltweiten Windenergie produziert werden. Zwar stehen hier in Frankreich einige der höchstentwickelten Anlagen, und das Land genießt hinsichtlich des Windvorkommens eine außergewöhnlich gute Lage (eine der besten in Europa neben Irland, Großbritannien und Dänemark), aber es kann sich nur schwer durchringen, den Ausbau dieser Energieform voranzutreiben.

Vor- und Nachteile der Windkraft

Die optische Beeinträchtigung wirft wichtige Fragen auf, die sich nicht allgemeingültig beantworten lassen. Da die Anlagen möglichst effizient sein sollen, müssen die Windräder hoch sein (in der Höhe bläst der Wind stärker und gleichmäßiger), somit sind sie weithin sichtbar. Bei großen Anlagen (mindestens zwei Megawatt) hat man es mit Propellerdurchmessern von fast 70 Metern und einer Masthöhe von über 60 Metern zu tun. Neben bautechnischen Problemen, die von den Ingenieuren zu lösen sind, präsentieren sich diese Anlagen alles andere als unauffällig. Soll das moderne Windrad in der Natur denselben Stellenwert erhalten wie die Windmühle von einst? Diese Frage sieht jeder anders, und in den betroffenen Gegenden kommt es regelmäßig zu Konfrontationen der »Pro«- und »Kontra«-Initiativen.
Objektiv lässt sich feststellen, dass es in Gebieten, in denen noch keine Windkraftanlagen stehen, mehr negative Meinungen dazu gibt als in Gegenden, in denen sie bereits in Betrieb sind.
In Spanien sind die Anlieger der größten Windkraftparks mehrheitlich sogar stolz auf diese Riesen, deren schlanke Silhouetten sich auf ihren Hügeln erheben. In Dänemark gilt der große Offshore-Windpark Middelgrunden vor der Küste bei Kopenhagen eher als nette Attraktion denn als Störfaktor. Zudem gewährleisten diese 20, in einem eleganten Schwung angeordneten Windräder ohne klimaschädliche oder strahlende Abfälle die Stromversorgung von 20 000 Haushalten und verschaffen zusätzlich 30 000 Menschen im Land einen Arbeitsplatz. Dies trägt sicher dazu bei, sie in den Augen der Dänen attraktiv zu machen.

Das Kraftwerk Goulien im Finistère produziert mit seinen acht dreiflügeligen 750 kW-Windrädern durchschnittlich 14 Millionen Kilowattstunden Strom pro Jahr. 2003 eröffnete die Gemeinde hier ein Haus des Windes (Maison du vent), ein wissenschaftliches Medium, in dem man sich mit den Windmechanismen und der Windenergie vertraut machen kann.

Die Sorge über die Lärmbelästigung ist zwar nicht völlig unbegründet, wird von Gegnern aber offensichtlich stark übertrieben. Messungen zeigen, dass der Lärm durch die Windräder geringer ist als die Windgeräusche in den Bäumen und benachbarten Gebäuden. Aerodynamische Forschungsarbeiten sind für die Fortschritte der letzten Jahre auf diesem Gebiet entscheidend gewesen. Sie haben unter anderem dazu geführt, dass die Profile der Rotorblätter optimiert wurden und die modernen Anlagen mit immer geringerer Rotationsgeschwindigkeit arbeiten.
Die Tierwelt hat von den Windrädern kaum etwas zu befürchten. Während eine Zeit lang die alten Modelle in Metall-Fachwerkbauweise in Verruf gerieten, da sie als Sitzstangen dienten und daher Ansammlungen von Vögeln in der Nähe der Rotorblätter förderten, stellt sich dieses Problem nicht mehr, seit allgemein Rohrmasten verwendet werden. Unfälle bleiben die Ausnahme – was man von den sehr viel bedrohlicheren Hochspannungsleitungen nicht behaupten kann, die Jahr für Jahr unzählige Vögel das Leben kosten. Vogelschutzorganisationen, die sich sehr für das Thema interessiert haben, sprechen sich übrigens für die Weiterentwicklung der Windkraft aus.

Verteilung überdenken

Ein weiterer Hemmschuh für die Nutzung dieser erneuerbaren Energie sind organisatorische Probleme der Energieverteilung. Strom kann durch Wind kaum gleichmäßig erzeugt werden. Selbst bei einem guten Windaufkommen gibt es Phasen, in denen es windstill ist oder das Windrad wegen eines Unwetters abgestellt wird. Um eine kontinuierliche Versorgung sicherzustellen, sind daher andere Quellen erforderlich oder weitere Windkraftparks mit unterschiedlichen meteorologischen Bedingungen.
Zudem ist in den Industrieländern das Netz im Wesentlichen so konzipiert, dass es Strom von wenigen, sehr leistungsstarken Produktionsstätten verteilt. Ein Atomkraftwerk mit zwei Reaktoren kann zum Beispiel eine Leistung von bis zu 3000 Megawatt erreichen. Die Windenergie verlangt eine völlig andere Organisation, denn sie stützt sich auf viele Generatoren geringer Leistungsfähigkeit, selbst wenn es sich um eine sogenannte »industrielle« Produktion handelt: Die Kapazität durchschnittlicher Windkraftparks liegt bei etwa 40 Megawatt, die größten wie in Horns Rev vor Jütland erreichen 160 Megawatt. Man ist also sehr weit von der Leistung eines Atomkraftwerks entfernt. Dies gilt umso mehr, wenn es sich um kleine Windkraftanlagen handelt, die nur einige Kilowatt für den lokalen Gebrauch produzieren. Falls die Nutzer – insbesondere bei abgelegener Wohnlage – akzeptieren, autonom zu bleiben, ist das kein Problem. Möchten sie hingegen an das allgemeine Netz angeschlossen werden, wird organisatorisch alles deutlich komplizierter.
Die Windkraft wird in Zukunft sicher ausgebaut werden, wo dies möglich ist. Die Sache ist der Mühe wert: Energiebilanzen zeigen, dass eine Windkraftanlage in knapp drei Monaten so viel Energie produziert, wie für ihren Bau und ihre Installation aufgewendet werden musste. Zudem kann sie rund 20 Jahre in Betrieb sein, ohne weitere Ansprüche zu stellen als Wind und eine jährliche Wartung.
Trotz dieser offensichtlichen Trümpfe sollte man realistisch bleiben. In dicht besiedelten Ländern kann die Windkraft – zumindest in ihrer derzeitigen Form – nicht der tragende Energielieferant werden, aus dem einfachen Grund, dass es nicht genügend Platz gibt, um ausreichend viele Windkraftanlagen aufzustellen. Man versucht hier und dort das Problem möglichst geschickt zu lösen und ein entsprechendes Terrain zu finden, ohne das Landschaftsbild zu stören. So werden die Anlagen beispielsweise in Industriegebiete gestellt, was nebenbei den Vorteil hat, dass Produktion und Verbrauch nah beieinanderliegen und einige Fabriken so über ihre eigenen Energiequellen verfügen.

Futuristische Projekte

Eine erste Antwort kann die Installation vor der Küste sein. Einige Forscher denken jedoch bereits an radikalere Optionen wie der Australier Bryan Roberts, der eine Art »Windkraft-Drachen« entworfen hat: Am Ende seiner Leine kann er die kräftigen Jetstreams in über 5000 Meter Höhe nutzen. Es bleibt abzuwarten, ob diese Idee eines Tages zur Serienreife gebracht wird oder im Papierkorb verschwindet.
Weiter gediehen ist der Plan eines Solarturms, der sich im Jahr 2010 rund 600 Kilometer von Sydney entfernt erheben soll. Er ist ein gutes Beispiel für die Kombination von zwei unterschiedlichen Energietypen. Denn während die Sonne die Anfangsenergie liefern wird, nimmt danach der Wind eine wichtige Funktion ein. Die Idee besteht darin, mitten in der

Einer der Haupteinwände gegen die Windräder ist die Furcht vor Lärmbelästigungen. Die neue Generation Windräder bleibt normalerweise aber unter der üblichen Geräuschkulisse.

Lärmpegel

Häufig klagen Menschen über »ohrenbetäubenden Wind«, dabei ist er für die Geräuschentwicklung nicht allein verantwortlich: In einer glatten Welt ohne Reliefs oder sonstige Hindernisse wäre er auch bei stärkster Ausprägung praktisch unhörbar, gäbe es nicht die Turbulenzen, die im Ohr des Beobachters entstehen.

Erst die aerodynamischen Geräusche, die entstehen, wenn sich der Wind seinen Weg zwischen allen möglichen Objekten und Reliefs hindurch bahnt (Stromleitungen, Hügel, Häuser, Gossen) und dabei verschiedene Objekte in Bewegung setzt (Laub, Getreide, Fensterläden), machen ihn so aufdringlich. Seine akustische Handschrift hängt also zugleich von seiner Stärke und seiner Umgebung ab. Ein Wind, der mit Windstärke 2 durch einige Pappeln streicht, verursacht ein leichtes Rascheln, das zehn Dezibel kaum übersteigen wird. Während eines Unwetters vor Anker in einem felsigen Archipel kann man sich hingegen ohne Weiteres einem Lärm ausgesetzt finden, der 120 Dezibel übersteigt. Aerodynamische Geräusche und etwas in Schwingung versetzen – das Prinzip ist letztlich dasselbe, nach dem sich mit einem Blasinstrument sehr viel angenehmere Töne erzeugen lassen.

Die folgende Tabelle vermittelt einen Eindruck vom durchschnittlichen Umgebungsschallpegel auf dem Land mit einigen Bäumen bei Windgeschwindigkeiten von zehn bis 30 Knoten (Stärke 3–7) und dem dabei erzeugten Lärm eines großen industriellen Windrads. Mit der Henderson-Formel lässt sich errechnen, um wie viel sich die Lautstärke in Abhängigkeit von der Entfernung zur Geräuschquelle mindert. Demnach sinkt der Pegel in 100 Meter Entfernung um 52 Dezibel, in 200 Meter Entfernung um 58 Dezibel und in 300 Meter Entfernung um 62 Dezibel. Ein Beobachter, nimmt 300 Meter von einer Windkraftanlage, die mit zwei Megawatt Leistung auf Hochtouren läuft, theoretisch 44 Dezibel (A) wahr, er hört aber von der Anlage praktisch nichts, da der Wert zwölf Dezibel (A) unter dem Umgebungsschallpegel liegt. Der Zusatz (A) bedeutet, dass die mittleren Frequenzen stärker berücksichtigt wurden, um die Angabe dem unterschiedlichen Empfinden des menschlichen Gehörs anzugleichen.

Windgeschwindigkeit (in m/s)	Umgebungsschallpegel (in dB)	Lärm Windrad mit 2 MW Leistung (in dB, auf Rotorhöhe)
5	38	94
7	41	99
9	45	100
11	49	102
13	53	104
15	56	106

Die Windressourcen Europas

Diese statistische Karte der durchschnittlichen Windgeschwindigkeiten 50 Meter über dem Boden zeigt eindeutig die bevorzugte Lage der Küstenbereiche im Nordwesten und Norden. Die Angaben in Meter pro Sekunde in der Legende berücksichtigen keine lokalen Effekte, hier können die Geschwindigkeiten variieren. Im französischen Süden sticht dank des Mistrals die Gegend um das Rhônedelta heraus.

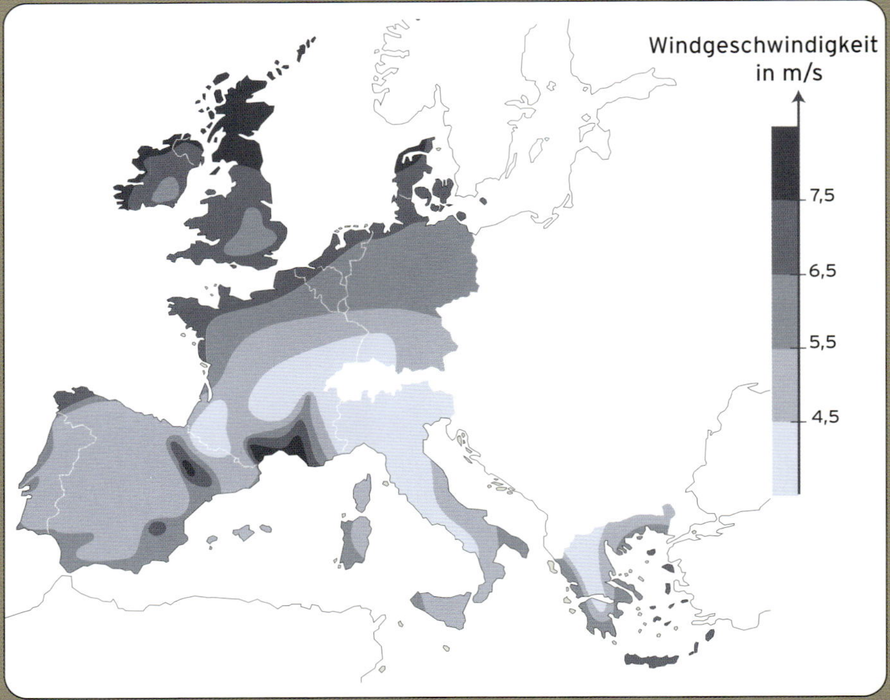

Optimierung der Energieverwertung

Die Nennleistung einer Windkraftanlage sagt nichts über die Energiemenge aus, die pro Jahr tatsächlich produziert wird, denn diese hängt von der Windmenge ab, die in diesem Zeitraum auftritt. Dreht sich ein Generator mit einem Megawatt Nennleistung 3000 Stunden auf Höchststufe, produziert er 3000 Megawattstunden, das entspricht dem jährlichen Stromverbrauch von 1000 nicht zu anspruchsvollen Haushalten. Allerdings mit einer Einschränkung: Da die Produktion nicht kontinuierlich erfolgt und der Strom schwer gespeichert werden kann, muss während windstiller Perioden eine weitere Quelle genutzt werden, um eine ununterbrochene Versorgung zu gewährleisten. Dies wird vor allem durch Überkapazitäten erreicht, das heißt durch Zugriff auf einen Windkraftpark, der zu diesem Zeitpunkt besser mit Wind versorgt wird und dessen augenblickliche Gesamtproduktion die Nachfrage übersteigt.

Aus diesem Grund ist es so wichtig, das Windpotenzial eines Ortes mit höchster Genauigkeit zu erfassen, was in der Praxis schwieriger ist, als es scheint. Begnügt man sich mit der durchschnittlichen Windgeschwindigkeit pro Jahr, also dem Mittelwert, kann man ziemlich sicher sein, die verwertbare Energiemenge zu unterschätzen. Um eine genaue Vorstellung von dieser Menge zu bekommen, muss das Auftreten starker Winde möglichst genau quantitativ bestimmt werden. Diese wiegen aus Sicht der Energiegewinnung deutlich schwerer, da der vom Wind ausgeübte Druck im Quadrat seiner Geschwindigkeit zunimmt. Verdoppelt sich die Geschwindigkeit, erhält man also eine achtmal höhere Energiekapazität! Auch die Luftdichte spielt eine wesentliche Rolle: Auf Meereshöhe übt kalte und dichtere Luft bei gleicher Geschwindigkeit deutlich höheren Druck aus als warme oder feuchte Luft. Aus demselben Grund ist Wind im Hochgebirge weniger effizient, weil er weniger dicht ist (dafür weht er meist stärker, was diesen Faktor kompensieren kann).

Konkret bedeutet dies: Die meisten Windkraftanlagen beginnen ab fünf Meter pro Sekunde Windgeschwindigkeit Energie zu produzieren (man nennt dies die Anlassdrehzahl), erreichen ihre Höchstleistung bei etwa 15 Metern pro Sekunde und werden bei 25 Metern pro Sekunde abgestellt (Abschaltdrehzahl), da die hohe Geschwindigkeit zu Materialschäden führen könnte.

Große Windkraftanlagen sind häufig mit einer Vorrichtung zur Geschwindigkeitsveränderung ausgerüstet, sodass sie durch ein elektronisches Kontrollsystem automatisch den Angriffswinkel der Rotorblätter je nach Windstärke verändern können. So kann die gewünschte Ausgangsleistung kontinuierlich beibehalten werden. Um die komplizierten Mechanismen der variablen Geschwindigkeit zu umgehen, sind einige Anlagen auch mit einer aerodynamischen »Strömungsabrissvorrichtung« ausgerüstet: Das Profil der Rotorblätter ist so konzipiert, dass diese bei zu starkem Wind automatisch an Wirkung verlieren.

Wüste ein riesiges rundes Treibhaus (mit sieben Kilometer Durchmesser) aufzustellen und in der Mitte einen 1000 Meter hohen Turm zu errichten. Die Luft erhitzt sich in dem Treibhaus auf 70 °C, steigt dadurch natürlicherweise auf und nimmt den einzig möglichen Ausgang: den Turm, in dem sie einen Aufwind mit einer Geschwindigkeit von etwa 60 Kilometern pro Stunde erzeugen wird. Dieser wiederum soll die Turbinen in Gang setzen, die nach den Berechnungen des Initiators eine Leistung von rund 200 Megawatt erreichen werden.
Der Turm wird so extrem hoch, um den Luftstrom optimal zu beschleunigen. Die Lufttemperatur in der Turmspitze wird nur 20 °C betragen, am Boden im Treibhaus hingegen 70 °C. So entsteht ein äußerst leistungsfähiger Saugmechanismus. Dank Wasserspeichern unter dem Treibhaus, die als Akkumulatoren dienen und in der Dunkelheit die am Tag gespeicherte Hitze abgeben, soll das Kraftwerk auch nachts funktionieren. Zusätzlich ist sogar geplant, in diesem Treibhaus Pflanzungen anzulegen, um den Platz vollständig auszunutzen. Ein 200 Meter hoher, von deutschen Ingenieuren ausgetüftelter Prototyp wurde bereits mit überzeugenden Ergebnissen in den 1980er-Jahren in Spanien getestet. Bleibt abzuwarten, ob der Ertrag – und damit die Stromkosten – in einem guten Verhältnis zu den beträchtlichen Investitionen stehen werden.

Bedeutung bioklimatischer Architektur

Ein solches Kaminsystem wurde in bescheidenerem, aber sehr interessantem Rahmen in der Architektur bereits verwendet, denn die Bedeutung des Windes beschränkt sich nicht auf die Stromerzeugung. Einen sehr intelligenten Nutzen kann man in Zeiten von Erdölknappheit und Klimaerwärmung auch aus dem Wind ziehen, indem man sich eine natürliche Klimaanlage ausdenkt, die ohne Energieverbrauch auskommt. Seit Jahrhunderten sorgen in den warmen Gegenden des Mittleren Ostens »Windtürme« in den Häusern für Kühlung. Die iranische Stadt Yazd ist für die zahlreichen Bauwerke dieses Typs berühmt geworden. Die viereckigen Türme, die sich über den Häusern gut betuchter Einwohner erheben, sind im oberen Teil mit Öffnungen ausgestattet, die durch Luftkanäle mit den unteren Räumen verbunden sind. Sie »fangen« den Wind und kanalisieren ihn ins Innere des Hauses. Ihn ziemlich weit oben in etwa 15 Meter Höhe einzufangen bietet den Vorteil, dass er dort kräftiger weht und weniger Sand enthält. Und wenn es bei starker Hitze einmal windstill ist, kommt der »Kamin«-Effekt ins Spiel. Obgleich hier kein so starker Temperaturunterschied genutzt werden kann wie in dem australischen Solarturm, reicht die im Luftkanal aufsteigende Warmluft aus, eine Luftbewegung und damit eine angenehme Belüftung mit ständigem Austausch entstehen zu lassen, da die Warmluft nach oben entweicht.
Einen weniger ausgefeilten, aber ähnlichen Mechanismus findet man in bestimmten Wohnhäusern Ozeaniens. Obwohl sie kein Obergeschoss haben, tragen sie sehr hohe Dächer, die eine Öffnung aufweisen. So fördern sie die Luftzufuhr und das Entweichen der Warmluft. Nachdem das Prinzip in den modernen Bauten dieser Inselgruppen leider in Vergessenheit geraten ist, hält man es in den Häusern nur noch aus, wenn elektrische Klimaanlagen im Einsatz sind. Zunehmend beschäftigen sich aber die Architekten mit der Wiederentdeckung der alten Rezepte und arbeiten an ihrer Verbesserung. Denn warum sollte man elektrische Energie verschwenden, wenn sich auch durch die geschickte Nutzung von Schatten und Luftströmungen gute Ergebnisse erzielen lassen?

Windtürme

Egal, ob es darum geht, den Wind von außen einzufangen (links) oder durch den Kamineffekt einen Luftzug zu erzeugen (rechts): Das Prinzip der alten iranischen Windtürme verdient eine genaue Untersuchung, um in warmen Regionen eine Architektur ohne Klimaanlagen zu entwickeln.

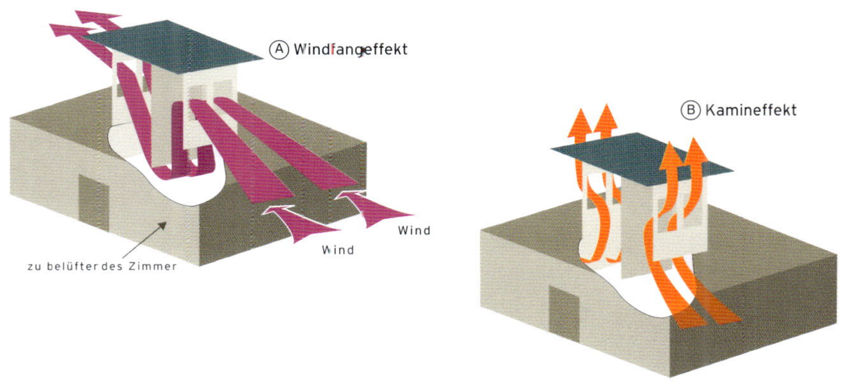

Der Temperaturunterschied zwischen oben und unten im Turm erzeugt eine aufsteigende Luftströmung

Wartung eines Windrades. Die Energieproduktion dieser immer leistungsfähigeren Maschinen wird derzeit zu einer wichtigen wirtschaftlichen Frage.

Die iranische Stadt Yazd ist berühmt für ihre zahlreichen rechteckigen Windtürme, die im Inneren der traditionellen Gebäude für Erfrischung sorgen.

Nebenstehend: Diese von zwei Windtürmen flankierte Kuppel in der iranischen Wüste ist ein »Ab Anbar«, ein unterirdischer Wasserspeicher. Die wirkungsvolle Belüftung hält das Wasser gut gekühlt.

Rechte Seite: Traditionelle Dreimaster lassen uns immer wieder ins Träumen geraten. Trotz ihrer bescheidenen Leistungen könnten sie Anregungen für alternative Fortbewegungsarten zu Wasser liefern.

Kommt das Segel zu neuen Ehren?

Bei den Transportmitteln spielt der Wind praktisch keine Rolle mehr, wenn man einmal von Sport- und Freizeitseglern absieht. Ob er wohl wieder eine Rolle als Antriebsmittel spielen wird? Die Antwort dürfte in erster Linie von finanziellen Zwängen abhängen. Unerschwingliches Dieselöl könnte den einen oder anderen Reeder die Pläne für Segelfrachter wieder aus der Schublade ziehen lassen, die bereits 1973 bei der ersten Ölkrise ausgearbeitet wurden.

Auch die Fischereiindustrie könnte sich davon angesprochen fühlen, denn sie pflegt das seltsame Paradoxon, unwahrscheinlich große Mengen Treibstoff zu verbrauchen, um immer effizienter zu werden. Dabei ist es genau diese Effizienz, die das Aussterben einer Ressource durch Überfischung beschleunigt. Einige Boote der europäischen Küstenfischer hatten sich auf das Abenteuer eingelassen, Segel als zusätzliches Antriebsmittel zu nutzen. Die Begeisterung der Besatzungen blieb jedoch gering, da es auf Routen eingesetzt wurde, auf denen die Winde keine ernstzunehmende Leistung erbrachten.

Die wenigen Segeldampfer im Einsatz verdanken ihren Erfolg mehr einem geschickten Marketingkonzept als tatsächlicher Effizienz, denn die Segelflächen sind im Verhältnis zur Tonnage lächerlich klein. Trotzdem sollte die Tatsache, dass die eher dekorative Funktion unter günstigen Umständen tatsächlich zu einer Treibstoffersparnis führt, nachdenklich machen. Insbesondere der Wind in der Freizeitschifffahrt sollte sicherlich aufgewertet werden. Es ist schon ein absurder Anachronismus, dass die Industrie der Jachtschifffahrt den Großteil ihres heutigen Erfolges der Entwicklung der Motorschifffahrt verdankt. Eine unverständliche Tendenz, wenn man einerseits die aktuellen ökologischen Probleme und andererseits die leichte Bedienung großer wie kleiner moderner Segelschiffe bedenkt. Ist der Stellenwert hoher Geschwindigkeiten dafür verantwortlich? Oder die Ablehnung eines gewissen Elitedenkens? Beide Erklärungen können nicht überzeugen, denn ein Surfbrett, das kaum mehr als 1000 Euro kostet, erreicht allein durch den Wind, aber in einem bei Weitem eindrucksvolleren Erlebnis, dieselben Geschwindigkeiten wie ein Schnellboot, das pro Stunde 30 Liter Treibstoff verbraucht. Dezibel, Abgase und Benzingestank reduzieren - diese Argumentation gilt auch für weniger Sportliche: Unter den Kreuzfahrtschiffen ist und bleibt das bewohnbare Segelschiff das sicherste und bequemste individuelle Mittel, die Ozeane zu befahren! Zudem ist es das Verdienst dieser Gefährte - den auch künftige, vom Wind angetriebene Linienschiffe haben könnten -, durch eine Verlängerung der Fahrzeiten unserem eng gewordenen Planeten etwas von seiner unendlichen Weite zurückzugeben.

A

Abfallen. Beim Segeln eine Kursänderung vom Wind weg, also achtern näher an den Wind (mit dem Heck). Gegenteil: anluven.

Advektion. Horizontale Zufuhr von Luftmassen in der Atmosphäre (oder von Wassermassen im Meer).

Advektionsnebel. Nebel, der beim Durchzug feuchter Luftmassen über einer kälteren Fläche entsteht. Unterscheidet sich vom Strahlungsnebel, der sich in windstillen und klaren Nächten bildet, wenn der Boden Wärme abstrahlt.

Am Wind. Das Schiff hat auf seinem geplanten Kurs Gegenwind. Man sagt auch, dass man sich »im Wind« befindet, wenn man das Schiff im Gegenwind stoppt.

Anluven. Eine Kursänderung näher an den Wind. Diese Drehung ist natürlich günstig, um hart am Wind zu segeln, aber dafür wirken höhere Kräfte auf Kiel und Bootsrumpf. Gegenteil: abfallen.

Annäherungsgeschwindigkeit zum Ziel. Im englischen Sprachraum spricht man von der VMG (Velocity Made Good = gutgemachte Geschwindigkeit). Bei einem kreuzenden Segelschiff resultiert daraus die Strecke, die es gegen den Wind innerhalb einer Stunde »gewonnen« hat, unabhängig davon, wie oft es dabei gekreuzt hat. Diese Strecke ist also deutlich kürzer als die Strecke entlang des Kreuzkurses, die das Schiff auf dem Wasser zurücklegt, weil der Kreuzkurs jeweils einen Winkel von etwa 45° zum Wind beschreibt.

Antizyklon. Hochdruckgebiet.

Atmosphäre. Gasförmige Hülle der Erde. Die unter klimatischem Gesichtspunkt für uns interessanten Phänomene konzentrieren sich auf die unteren Schichten der Atmosphäre, also auf die Troposphäre (die am Äquator mit 20 Kilometern ihre größte Höhe erreicht) und die Stratosphäre, die sich bis in eine Höhe von 50 Kilometern erstreckt.

Auffrischen. So nennt man die Zunahme der Windstärke.

B

Beaufortskala. Einteilung der Windstärke von 0 bis 12, entwickelt vom britischen Admiral Francis Beaufort.

Bö. Punktuelle Verstärkung des Windes, häufig von Niederschlägen begleitet, meist aufgrund des Durchzugs einer Wolkenmasse (fehlt der Niederschlag, spricht man von einer leeren Bö).

Breitenkreis. Gedachter Kreis parallel zum Äquator, dessen Zentrum immer die Achse zwischen den beiden Polen ist. Die Breitenkreise dienen der Darstellung der Breitenposition, also der Position nördlich oder südlich des Äquators (von 0° am Äquator bis 90° am Pol).

Brise. Das Wort hat mehrere Bedeutungen. In der Umgangssprache bezeichnet es einen mäßigen Wind. Im meteorologischen Vokabular bezieht es sich häufig auf thermische Brisen, also auf stark lokalisierte Winde, die bei schönem Wetter durch den Temperaturunterschied zwischen Meer und Festland entstehen und während des Tages vom Meer zum Festland wehen (nachts in umgekehrter Richtung). Im Seemannsjargon wurde die Bedeutung seltsamerweise umgekehrt: Dort spricht man von einer »steifen Brise« und meint damit einen sehr starken Wind.

C

Coriolis (Gustave Gaspard). Französischer Mathematiker (1792-1843), der die gleichnamige Kraft nachwies. Diese mit der Erdrotation verknüpfte Kraft lässt jede horizontale Bewegung einer Wasser- oder Luftmasse abweichen (auf der Nordhalbkugel nach rechts und auf der Südhalbkugel nach links), was insbesondere für die Windrichtung bestimmend ist. Die Kraft ist an den Polen am stärksten und am Äquator gleich null, was erklärt, dass Zyklone sich in dieser Breite nicht bilden können, da die Energie zum Beginn der Rotationsbewegung fehlt.

D

Druckgradient. Der Unterschied des Luftdrucks in Abhängigkeit von der Entfernung. Je höher dieser Gradient, desto größer die »Neigung« und desto stärker daher der Wind.

DWD. Der Deutsche Wetterdienst ist ein meteorologisches Institut und gibt unter anderem Unwetter- und Sturmwarnungen heraus.

E

Ekman-Zirkulation. Windgetriebene Ozeanströmung. Sie betrifft die Oberflächenschicht des Ozeans (die einige Hundert Meter dicke Ekman-Schicht). An der Oberfläche weicht die Wasserströmung um etwa 45° von der Windrichtung ab (auf der Nordhälfte nach rechts und auf der Südhälfte nach links). In der Tiefe verlangsamt sich die Fortbewegungsgeschwindigkeit, und unter Einwirkung der Coriolis-Kraft nimmt die Wasserbewegung eine Spiralform an (Ekman-Spirale). Die Bewegung verdankt ihren Namen dem schwedischen Ozeanografen Vagn Walfrid Ekman, der zu Beginn des 20. Jahrhunderts dieses Thema untersuchte, nachdem er festgestellt hatte, dass Eisberge nicht in Windrichtung abdriften, sondern in einem deutlichen Winkel zum Wind.

F

Ferrel-Zelle. Der Amerikaner William Ferrel (1817-1891) ergänzte die Arbeit von Hadley (siehe Hadley-Zelle), indem er das Verbindungsstück im Zirkulationsrad zwischen der Hadley-Zelle und der Polar-Zelle einfügte. Die Ferrel-Zelle ist eine Zelle der mittleren Breiten, die Luftzirkulation erfolgt hier gegenläufig. Moderne Forschungsarbeiten stellen das schöne Schema der Luftzirkulation in drei Zellen pro Halbkugel jedoch infrage und zeigen, dass die Realität doch komplizierter ist.

Fetch. Der englische Begriff, der zugleich eine Dauer und eine Entfernung bezeichnet, gibt den potenziellen Einfluss des Windes auf das Meer an. Je weiter die freie Wasserstrecke ist, über die der Wind wehen kann, und je länger er weht, desto mehr Wellen können sich bilden. Bei einem Fetch von mehreren Tausend Kilometern und einem anhaltend kräftigen Wind werden die Wellen deutlich höher als bei einem Wind gleicher Stärke, der zwölf Stunden über ein 300 Kilometer langes Wasserbecken weht.

Flaches Tief. Eine Zone mit geringem Druckgradienten (also wenig Druckunterschied in einem weitläufigeren geografischen Gebiet), die sich meist durch schwachen oder fehlenden Wind äußert.

Flaute. Wenn sich kein Lüftchen rührt.

Föhn. Ein Föhneffekt tritt immer dann ein, wenn der Wind auf ein Hindernis in Form eines Berges trifft, sodass die Luftmasse steigen muss. Anfangs, wenn der Luftdruck mit zunehmender Höhe abnimmt, kühlt sich die Luft durch das Phänomen der adiabatischen Entspannung ab. Enthält die Luft Feuchtigkeit, entledigt sie sich ihrer durch Niederschläge in Gipfelnähe. Auf der anderen Seite des Abhangs sinkt also trockene Luft, sie komprimiert (unter dem Effekt des zunehmenden Luftdrucks) und erwärmt sich durch adiabatische Kompression. Dieser Mechanismus äußert sich in einem kühlen und feuchten Klima auf der windzugewandten Seite und einem völlig anderen, wärmeren, trockenen oder sogar dürren Klima auf der windabgewandten Seite.

Front. Kontaktzone von zwei unterschiedlichen Luftmassen. Man spricht von Kaltfront und Warmfront. Beide sind wesentlich an der Bildung und Entwicklung eines Tiefdruckgebiets in den gemäßigten Breiten beteiligt.

G

Gegen den Wind kreuzen. Befindet sich beim Segeln das Ziel direkt in der Windachse, ist es nicht direkt erreichbar. Selbst die besten Segler können nicht in einem Winkel von unter 30° gegen den Wind segeln. In diesem Fall muss gegen den Wind angekreuzt werden, das Ziel wird also durch allmähliche Annäherung erst zur einen, dann zur anderen Seite erreicht. Die Strecke wird etwa doppelt so lang, und die Fahrtzeit verdreifacht sich, da der Kurs hoch am Wind der langsamste ist.

Geostrophische Strömung. Dabei handelt es sich um die theoretische Strömung von Wasser- wie von Luftmassen, die sich aus dem Gleichgewicht zwischen der horizontalen Bewegung aufgrund des Druckgradienten und der Abweichung durch die Coriolis-Kraft ergibt. Parasitäre Faktoren wie die Reibung zwischen Luft und Oberfläche stören dieses Gleichgewicht, man spricht dann vom ageostrophischen Wind.

Geschwindigkeitspolare. Grafische Darstellung der Leistungen eines Segelboots bei verschiedenen Kursen und verschiedenen Windstärken.

Glatte See. Ist zu beobachten bei völliger Windstille.

H

Hadley-Zelle. Der Engländer George Hadley war 1753 der Erste, der die Zirkulation in der Atmosphäre anhand des Prinzips der Zellen oder Zirkulationsräder erklärte. Die sogenannte Hadley-Zelle beschreibt die Bewegung der Luft vom subtropischen Hoch zum Äquatortief. Die Luft erwärmt sich und steigt auf Höhe des Tiefs an, bevor sie in der Höhe abkühlt und etwa bei 30° Breite sinkt. Das Sinken der Kaltluft verstärkt das subtropische Hoch, und dieser Vorgang wiederholt sich ständig. Man findet diesen Mechanismus nördlich und südlich des Äquators gleichermaßen.
Ein ähnliches Phänomen, die Polar-Zelle, findet zwischen den Tiefdruckgebieten in Breiten um 60° und dem Polarhoch statt.

Hektopascal (hPa). Druckeinheit von 100 Pascal (Pascal ist die Druckeinheit, die einer Stärke von einem Newton pro Quadratmeter entspricht). Hat denselben Wert wie die nicht mehr gebräuchliche Einheit Millibar.

Hochdruckrücken. Hochdruckachse, die sich aus einem Hochdruckgebiet ausdehnt.

Hohe Breiten. So bezeichnet man insbesondere die Regionen der Südhalbkugel jenseits des 40. Breitenkreises. Es sind die berühmten »Roaring Forties« (brüllende Vierziger), die von Seefahrern gefürchtet werden, da sie sich starken Westwinden ausgesetzt sehen, die hier die Erde umkreisen und riesige Wellen hervorrufen.

I

Innertropische Konvergenzzone (ITC). Sie wird so genannt, weil sie sich zwischen den Passatwinden der beiden Halbkugeln etwas oberhalb des Äquators befindet. Die Zone ist durch eine hohe Oberflächentemperatur des Meerwassers und einen starken Auftrieb warmer Luftmassen gekennzeichnet. Es kommt dadurch zu starker Wolkenbildung und vielen Niederschlägen, die Winde jedoch bleiben schwach und unbeständig. Das Gebiet ist allgemein als »Kalmen« bekannt.

Isobare. Linien gleichen Luftdrucks auf einer Wetterkarte.

J

Jetstreams. Sehr starke Windströme (im Zentrum können sie Geschwindigkeiten von annähernd 400 Kilometer pro Stunde erreichen), die in der Höhe zwischen Troposphäre und Stratosphäre wehen. Man spricht insbesondere vom Polarfrontjet um den 50. Breitengrad und vom Subtropenjet um den 30. Breitengrad. Beide wehen von West nach Ost und werden regelmäßig von Flugpiloten genutzt, um auf dem Weg von Nordamerika oder den Antillen nach Europa ihre Geschwindigkeit zu erhöhen. Die Bahn der Strömungen kann variieren, ihre Welligkeit spielt eine wichtige Rolle bei der Bildung von Oberflächenstörungen.

K

Katabatischer Wind. Wind, der in Gebirgsnähe entsteht, weil eine Kaltluftmasse aufgrund der Schwerkraft absinkt.

Knoten. Geschwindigkeitseinheit, die einer Seemeile (also 1852 Meter) pro Stunde entspricht.

Konvektion. Vertikale Bewegung einer Luft- oder Wassermasse, meist aus einer Instabilität der Dichte resultierend, die eine thermische Ursache hat. Warmluft beispielsweise steigt durch Konvektion auf.

Kumulonimbus. Diese beunruhigende Wolke kann sich bis zu einer Höhe von 17 Kilometer und mehr ausdehnen. Mit ihrer flachen Oberseite in Ambossform und der dunklen Wolkenuntergrenze kündet der gefürchtete Kumulonimbus (Cb auf Karten) heftige Böen, oft in Sturmstärke mit starken Niederschlägen an, einschließlich Hagel.

Kumuluswolke. Wird auf Karten durch die Abkürzung Cu dargestellt. Der Name kommt aus dem Lateinischen und bedeutet »Haufen«. Nichts zu befürchten hat man von Cumulus humilis und mediocris, beides weiße Wolken mit glatter Unterseite und runder Oberseite, konvektiven Schönwetterwolken. Cumulus congestus hingegen, eine vertikal verlängerte Wolke, kann mit Niederschlägen einhergehen und verwandelt sich gerne in einen Kumulonimbus.

Kurse zum Wind. Ausrichtung des Segelboots im Verhältnis zum Wind. Man ist »hart oder hoch am Wind«, wenn man versucht, gegen den Wind zu segeln, und dazu einen möglichst engen Winkel zu ihm einhält. Mit »halbem Wind« segelt man bei Seitenwind (Winkel von etwa 90°). Ab drei Viertel Rückenwind segelt man »vor dem Wind«, und bei »echtem« Rückenwind wirkt die gesamte Kraft in Längsrichtung des Bootes. »Vor dem Wind« segelt es sich am einfachsten und bequemsten.

L

Lee (windabgewandt). siehe Luv

Lokaler Einfluss. Veränderung des allgemeinen Luftstroms durch ein Relief oder eine Küste.

Luftdruck. Der Druck – anders gesagt, die Kraft pro Oberflächeneinheit –, der durch das Gewicht der Luft ausgeübt wird. Eine Luftsäule mit hohem Druck (kalte und dichte Luft) ist demnach schwerer als eine Luftsäule mit schwachem Druck (warme, weniger dichte Luft). Der Luftdruck wird in Hektopascal gemessen, das entspricht dem früheren Millibar, also 100 Newton pro Quadratmeter. Der Druckunterschied zwischen zwei Orten kann nur auf gleicher Höhe angemessen bewertet werden, denn je höher man steigt, desto mehr nimmt der Druck ab.

Luv (windzugewandt) und Lee (windabgewandt). Mit diesen Begriffen werden Personen, Schiffe und Küsten im Verhältnis zum Wind lokalisiert. Auf einem Schiff, das auf dem Backbordbug segelt (der Wind kommt von rechts), spricht man davon, dass sich ein Mannschaftsmitglied auf der rechten Seite des Bootes »luvseitig« befindet, ein Mannschaftsmitglied auf der linken Seite »leeseitig«.

M

Meile. Die Seemeile – oder auch nautische Meile – misst genau 1852 Meter. Diese Zahl entspricht einer Breitenminute (also einem Sechzigstelgrad). Nicht zu verwechseln mit der englischen Meile, die 1609 Meter misst.

Meridian. In der geografischen Fachsprache eine Linie, die die beiden Pole auf dem kürzesten Weg verbindet (also eine deutliche Halbkreisform annimmt). Anhand dieser Linie erfolgt die Bestimmung der geografischen Länge, das heißt die Positionsbestimmung westlicher oder östlicher (jeweils in Grad von 0 bis 180) zum Nullmeridian (Greenwich-Meridian), der durch Großbritannien und Frankreich verläuft.
In der meteorologischen Fachsprache bezeichnet die Meridionalzirkulation eine Strömung, die sich auf einer Nord-Süd-Achse bewegt.

Mittlerer Wind. Wind mittlerer Stärke. Die Bewertung hängt von der Wahrnehmung der Mannschaft ab, meist wird aber ein Wind zwischen Stärke 3 und 5 als mittlerer Wind eingestuft.

Monsun. Grundsätzlich kann der Monsun jeden Wind bezeichnen, der nach einem regelmäßigen Jahreszeitenrhythmus auftritt (etymologisch stammt der Begriff vom arabischen *mausim*, »Jahreszeit«). Im Allgemeinen wird damit der Wind im Arabischen Meer und auf dem Indischen Subkontinent bezeichnet, der abwechselnd aus Nordost (Winter) und Südwest (Sommer) weht und das gesamte Klima in der Region entscheidend beeinflusst.

N

Nordatlantische Oszillation. In den Wettervorhersagen wird üblicherweise von NAO gesprochen, um diese Klimaschwankung zu definieren, die den Nordatlantik und die benachbarten Regionen betrifft. Die Veränderung wird durch den NAO-Index gekennzeichnet, der dem Druckunterschied zwischen dem Islandtief und dem Azorenhoch entspricht.

O

Orkan. Der Begriff bezeichnet sowohl einen tropischen Wirbelsturm als auch jeden Sturm – unabhängig von der Region –, der ausreichend stark weht, um mittlere Geschwindigkeiten von mindestens 120 Kilometer pro Stunde zu erreichen (64 Knoten, Stärke 12).

Orografischer Effekt. Beeinflussung des Windes durch ein Relief. Die »orografische Welle« bezeichnet die Bewegung einer Luftmasse, die einen Berg überwindet. Alle damit verbundenen Luftströmungen heißen demnach »orografische Winde«.

P

Passatwinde. Regelmäßig auftretende Winde in tropennahen Breiten. Sie entstehen durch die fast ständige Präsenz subtropischer Hochdruckgebiete. Auf der Nordhalbkugel wehen sie aus Nordost und auf der Südhalbkugel aus Südost.

Kalmen. Andere Bezeichnung für die Innertropische Konvergenzzone (ITC) zwischen den Passatwinden der Nordhalbkugel und denen der Südhalbkugel. In Äquatornähe ist die Zone durch eine stark konvektive Aktivität und wechselhafte Winde gekennzeichnet.

Profiloberseite. Bei einem Flügel oder Segel die Außenseite (also die Oberseite des Flügels oder die Leeseite des Segels), auf der sich der Unterdruck bildet.

Profilunterseite. Bei einem Flügel oder Segel die Profilinnenseite (also die Unterseite eines Flügels) und die Luvseite bei einem Segel, dort, wo sich ein Überdruck bildet. Gegenteil: Profiloberseite.

R

Reynolds-Zahl. Nach dem britischen Ingenieur Osborne Reynolds (1842–1912) wird die Viskosität einer Flüssigkeit (Luft oder Wasser) und damit ihre laminare oder turbulente Fließfähigkeit mit der Reynolds-Zahl ausgedrückt. In der Luftfahrt und allen Bereichen, in denen die aerodynamische oder hydrodynamische Forschung eine Rolle spielt, ist diese Zahl sehr gebräuchlich.

S

Scheinbarer Wind. Das Ergebnis aus dem Zusammenspiel von wahrem Wind und dem Wind, der durch die Fortbewegung des Beobachters entsteht, unabhängig vom benutzten Fortbewegungsmittel. Bei einer Bewegung gegen den Wind ist der scheinbare Wind stärker und »spitzer« – das heißt näher an der Fortbewegungsachse – als der wahre Wind (beispielsweise bei Kursen hoch am Wind auf einem Schiff). Bei Rückenwind (Kurse vor dem Wind), ist der scheinbare Wind schwächer, da sich in diesem Fall die Geschwindigkeit des wahren Windes um die Fortbewegungsgeschwindigkeit verringert.

Schwache Bö. Momentane Verstärkung der Windgeschwindigkeit bei schwachem oder mäßigem Wind.

Sonnenwind. Strom geladener Teilchen (insbesondere Protonen und Elektronen), der aus der hohen Atmosphäre der Sonne stammt und durch das gesamte Sonnensystem strömt. Ihm sind Kometenschweife, Polarlicht und Magnetstürme zu verdanken.

Steife Brise. Im Seemannsjargon sehr starker Wind.

Sturm. In der Umgangssprache wird jede Schlechtwetterphase mit starkem Wind als Sturm bezeichnet. Meteorologen verwenden den Begriff gezielter, sie beschreiben damit eine heftige Störung, bei der eine Windgeschwindigkeit von mindestens 48 Knoten, also Windstärke 10, erreicht wird.

Sturmbö. Heftiges und vorübergehendes, lokales Aufleben des Windes mit einer Spitzengeschwindigkeit, die gelegentlich 50 Prozent über der durchschnittlichen Windgeschwindigkeit liegt. In der Meteorologie ist es üblich, diese Spitzengeschwindigkeiten in Meter pro Sekunde anzugeben, die Windstärken laut Beaufortskala hingegen sind den Durchschnittsgeschwindigkeiten vorbehalten.

Synoptischer Wind. Geht über einem Gebiet aus allgemeiner Wetterlage hervor, ohne Berücksichtigung lokaler Effekte.

T

Takelage. Allgemeinbegriff für das Segelwerk eines Schiffes.

Thermischer Äquator. Er wird auch als meteorologischer Äquator bezeichnet und kann deutlich vom geografischen Äquator abweichen, er befindet sich häufig einige Grade weiter nördlich von diesem. Er entspricht dem Zentrum, in dem sich die Passatwinde treffen, anders gesagt, der ITC.

Tief. Zone mit tiefem Luftdruck.

Tornado. Windsäule über Festland, die sich unter einem Kumulonimbus bildet und sehr rasch rotiert.

Tropisches Tief. Störung in einer tropischen Zone mit maximal Windstärke 7.

U

Upwelling. Das Aufsteigen von Kaltwasser aus der Tiefe an die Meeresoberfläche (wichtiger Faktor beim Phänomen El Niño im Ostpazifik). Das Gegenteil bezeichnet man als *Downwelling*.

V

Venturi. Der Venturi-Effekt bezeichnet die Beschleunigung einer Flüssigkeit oder Luftmasse, während diese eine Engstelle durchfließt.

Verwirbelung. Windturbulenz durch ein Haus, eine Klippe oder jedes andere Hindernis.

W

Wahrer Wind. Windgeschwindigkeit und Windrichtung, die von einem unbeweglichen Beobachter (also auf einem festen Punkt oder einem ankernden Schiff) beobachtet werden kann.

Warmluft. Da dieser Begriff in Zusammenhang mit konvektiven Bewegungen in der Atmosphäre häufig verwendet wird, ist es angebracht, auf den sehr relativen Wert des Begriffes »warm« hinzuweisen, denn er wird ebenso gut für Luft in einem winterlichen Tiefdruckgebiet über Schottland benutzt wie in Zusammenhang mit einem tropischen Wirbelsturm. Es ist immer eine Frage der Gegensätze: Wird eine Luftmasse mit 7 °C mit einer Umgebung von 0 °C konfrontiert, kann sie mit den entsprechenden konvektiven Eigenschaften als »warm« bezeichnet werden.

Windhose. Das Äquivalent zum Tornado über dem Meer oder einem See.

Windseite (Luv). Die Schiffsseite, von der der Wind kommt. Man fährt Steuerbordbug, wenn der Wind von links kommt, und Backbordbug, wenn er von rechts kommt.

Windstress. Die horizontale Kraft des Windes auf die Oberfläche des Meeres.

Wolken. Sie werden aus winzigen Wassertröpfchen oder Eiskristallen gebildet, sind also von einer gewissen Luftfeuchtigkeit abhängig. Wolken entstehen durch Konvektion (feuchte Warmluft steigt, kühlt in der Höhe ab und kondensiert) oder ein orografisches Phänomen (ein Berg zwingt feuchte Luft zu steigen, wodurch sie sich abkühlt und kondensiert). Sie können auch durch das Zusammentreffen einer Kalt- und einer Warmfront entstehen, wobei die Warmluft steigen muss. Wolken werden je nach Höhe der Wolkenunterseite klassifiziert. Die untere Schicht reicht von null bis zwei Kilometer vom Boden, die mittlere Schicht von zwei bis 4,5 Kilometer, und hohe Wolken reichen bis in eine Höhe von zwölf Kilometern.

Z

Zirrostratus. Diese Wolken höherer Luftschichten (Symbol Cs) bilden einen weißlichen Schleier und um Sonne und Mond häufig einen Hof. Bei einer aufziehenden Störung folgen sie recht dicht auf die Zirruswolken und gehen den Altokumuluswolken voraus (Ac, Wolken der mittleren Schicht), bevor der Regen heranzieht mit dicken Nimbostratuswolken (Ns), die das Nahen der Warmfront bei auflebendem Wind ankündigen. Stratus und Stratokumulus (St und Sc, beides Wolken der unteren Schicht) sorgen weiter für einen grauen Himmel mit Regen – bei immer noch kräftigem Wind –, bis der Durchzug der Kaltfront den Himmel wieder blau werden lässt, ohne jedoch dem Wind und den Niederschlägen sofort ein Ende zu bereiten. Im Gegenteil: Zu diesem Zeitpunkt ist beim Durchzug der Kumulonimbuswolken mit heftigsten Schauern und Windböen zu rechnen!

Zirrus. Der Zirrus, auf Karten durch die Abkürzung Ci symbolisiert, ist eine Wolke hoher Schichten in Form von Wolkenbändern oder -fäden. Er kündet häufig eine nahende Störung an.

Zyklogenese. Allem Anschein zum Trotz ist der Begriff nicht auf die Bildung von Zyklonen beschränkt. Die sogenannte Zyklonzirkulation betrifft alle Arten von Tiefs – ob tropisch oder in gemäßigten Breiten –, bei denen der Wind auf der Nordhalbkugel gegen den Uhrzeigersinn dreht (und auf der Südhalbkugel im Uhrzeigersinn).

Bibliografie

Bernot (Jean-Yves), *Météo et Stratégie*, Voiles/Gallimard, 2004.
Das bisher umfassendste Werk über angewandte Meteorologie, verfasst von einem Fachmann, der für die Routenplanung einiger der besten Ozeanüberquerer zuständig war. Es richtet sich an leidenschaftliche Regattateilnehmer und Hochseesegler, aber auch an wissbegierige Amateure. Dem Autor ist es gelungen, komplizierte technische Inhalte verständlich und sogar spannend zu präsentieren – noch dazu mit viel Humor. Angenehmer und einfacher zu lesen als viele sogenannte »populärwissenschaftliche« Werke!

Blieu (Jan de), *Wind*, Houghton Mifflin Company, États-Unis, 1998.
Eine poetische Bildungsreise in die Welt des Windes, geschrieben von einem amerikanischen Journalisten, der nicht nur Sagen zum Thema präsentiert, sondern auch hübsche Porträts symbolträchtiger Orte dieses Phänomens zeichnet: Orte denkwürdiger Stürme oder Standorte von Wetterbeobachtungsstationen.

Chabin (Laurent), *Le Collectionneur de vents*, Éditions Pierre Tisseyre, Kanada, 1999.
Für alle, die sich ihr kindliches Gemüt bewahrt haben, ist diese hübsche, in Québec herausgegebene Erzählung eine gute Gelegenheit, sich mit einigen wichtigen Winden dieser Welt vertraut zu machen.

Chéret (Bertrand), *Les Voiles*, Voiles/Gallimard, 1997.
Mehr als ein einfaches Segelbuch: ein sehr offenes Werk, das alle Fachrichtungen einbezieht, um die geheimnisvolle Alchimie zu erklären, die aus dem Wind eine Antriebsenergie werden lässt. Das alles ist gut verständlich geschrieben von einem bemerkenswerten Pädagogen, einem ehemaligen Meistersegler und Regattateilnehmer auf hohem Niveau.

Coles (Adlard) und Bruce (Peter), *Schwerwetter-Segeln*, Delius-Klasing, 1994.
Interessant sind die zahlreichen Zeugnisse von Seeleuten über ihre Erfahrungen bei Sturm. Empfindsamen Seelen wird von der Lektüre abgeraten, da sie ein für alle Mal den unsicheren Reizen von Kreuzfahrten auf dem Meer entsagen könnten …

Collectif, collection Graines de sciences, vol. 4, Le Pommier, 2002.
Auf Anregung des französischen Verbandes *La main à la pâte* mit Unterstützung der *Fondation des treilles* und der Akademie der Wissenschaften entstanden, bietet die Sammlung *Graines de sciences* allen Erwachsenen, die sich zusammen mit ihren Kindern mit wissenschaftlichen Themen vertraut machen möchten, eine reichhaltige Lektüre. Insbesondere Band 4 enthält sehr lehrreiche Kapitel über die Physik der Atmosphäre und der Wellen.

Durschmied (Erik), *Als die Römer im Regen standen. Der Einfluss des Wetters auf den Lauf der Geschichte*, Lübbe, Okt. 2007.
Amüsante Studie über den Zusammenhang zwischen einigen klimatischen Ereignissen und den wichtigen Daten der Weltgeschichte. Dort erfährt man beispielsweise, wie ein geheimnisvoller Sturm oder eher ein »göttlicher Wind« (auf Japanisch *Kamikaze*) Japan im Jahr 1281 vor einem fast sicheren Überfall ihrer mongolischen Nachbarn bewahrte. Oder wie ein Unwetter am 27. Juli 1794 den Sturz von Robespierre beschleunigte.

Gutelle (Pierre), *Architecture du voilier*, Éditions Loisirs nautiques, 1979.
Dreibändiges Standardwerk für Technikbegeisterte, die ihre Kenntnisse über Aerodynamik und Hydrodynamik vertiefen möchten. Sehr umfassend, aber auch schwer verständlich.

Guyon (Étienne), Hulin (Jean-Pierre), Petit (Luc), *Vieweg Studium Nr. 76, Hydrodynamik*, Vieweg, 1997.
Für alle, die mehr über Turbulenzen aller Art und das Verhalten so unterschiedlicher Fluide erfahren möchten wie Sandströme, brennendes Gas oder Luftströmungen.

Klipffel (Joe), *Prévoir le temps par les dictons marins*, Arthaud, 1976.
»Tragen die Wolken Katzenschnurrbart, ist mit lärmendem Wind zu rechnen«. So lautet einer von vielen köstlichen Sprüchen aus jahrhundertelanger Erfahrung. Aber Vorsicht: Nur einige sind treffend, andere sehr viel weniger zuverlässig.

Lhomme (Jean-Christian), *Énergies renouvelables*, Delachaux et Niestlé, 2001.
Ein kleiner Band aus der Sammlung »La bibliothèque du naturaliste«, der, wie der Name schon sagt, die erneuerbaren Energien vorstellt, also auch den Wind, mit äußerst praktischen Informationen über seinen Ursprung und sein Potenzial.

Lilienthal (Otto), *Der Vogelflug als Grundlage der Fliegekunst*, Steffen, Friedland, Reprint der Originalausgabe von Berlin 1889.
Kurz vor Lilienthals Tod (1896) entstandenes Werk des Segelflugpioniers. Es besteht aus technischen Überlegungen und Flugberichten – versehen mit schematischen Darstellungen des Autors und einigen zeitgenössischen Fotografien. So gewinnt man einen anderen Blickwinkel auf die Anfänge der Fliegerei und sieht klar die Probleme, die zu lösen waren, insbesondere hinsichtlich Auftrieb und Kontrolle.

Rigo (Juan) und Moureau (Isabelle), *Vents de Méditerranée*, Glénat, 2005.
Zugleich eine kulturelle und praktische Studie über die Feinheiten der Meteorologie im Mittelmeerraum von zwei Autoren, die sehr konkrete Ansichten vertreten (sie verbringen die meiste Zeit zwischen Mallorca und den griechischen Inseln) und mit einigen Klischeevorstellungen aufräumen.

Séchet (Guillaume), *Quel temps! Chronique de la météo de 1900 à nos jours*, Hermé, 2004.
Eine interessante Quelle, um über die Jahre denkwürdige meteorologische Ereignisse zu entdecken. Nebenbei gesagt sieht man nach der Lektüre auch die »Jahrhundertstürme« und »Ausnahme-Überschwemmungen« in anderem Licht, die uns in den Nachrichten regelmäßig verkauft werden.

Thibault (Janine) (sous la dir. de), *L'Air au quotidien*, Odile Jacob, 2003.
Insbesondere für Lehrer bestimmt, bildet dieses Buch eine ausgezeichnete Grundlage zum Verständnis der Feinheiten der Luft und ihrer Bewegungen. Mit zahlreichen Beispielen und Experimenten zur Illustration des Themas.

Victoire (Honorin), *Petite Encyclopédie des vents de France*, J. C. Lattès, 2001.
Eher etwas für Freunde der Toponymie als für strenge Wissenschaftler. Die meteorologische Logik kommt hier nicht immer zu ihrem Recht, der Spaziergang durch die Überlieferungen des »traditionsbewussten Frankreichs« ist aber sehr unterhaltsam.

Unser Dank gilt allen, die nah und fern dazu beigetragen haben, dass der Wind durch diese Seiten bläst, insbesondere:

Den Ingenieuren und Technikern von Météo France, dem Deutschen Wetterdienst und dem Hydrografischen und Ozeanografischen Dienst der Marine für ihre liebenswürdige Bereitschaft, unsere Fragen stets präzise zu beantworten,

Philip Plisson für seine herrlichen Fotos, aber auch für seine freundschaftliche Unterstützung bei der Realisierung dieses Buches, Philippe Kerzhero von Pêcheurs d'images für seine Geduld und erfolgreiche Bildersuche,

Stéphanie Zweifel, die sehr kompetent und zugleich humorvoll die kompliziertesten Verlagsprojekte bewältigt,

Noémie Le Carrer für ihre hervorragende Idee, einen Teil ihres Urlaubs mit Erfolg der bibliografischen Suche zu opfern.

Bildnachweis

Pêcheur d'images:
Guillaume Plisson: Cover Mr und 14u, 4. Coverbild M und 159r, 24l, 38, 42-43u, 97, 118ru, 170, 175M, 175r, 182, 194, Faltseiten VIII lo
Phillip Plisson: Cover Mu und 198-199, 4. Coverbild o und 125, 4. Coverbild u und 213, 10, 11, 12, 14M, 14u, 16, 18, 19, 21, 22, 24ru, 25lu, 2ro, 30, 35, 43Mu, 52M, 53M, 53r, 54l, 54M, 54r, 56, 58r, 59M, 59r, 60, 61, 67, 72o, 72M, 72u, 77, 80, 83l, 83M, 86l, 87, 88l, 88r, 89l, 89r, 98M, 99o, 100-101, 102, 104lu, 106, 108u, 110lu, 110-111u, 111o, 111Mu, 117o, 117M, 117u, 120, 122o, 122M, 122u, 123, 124, 127, 130o, 13M, 133, 139, 141o, 141ru, 144, 145, 148 u, 156lu, 157ro, 159l, 159r, 165l, 165r, 168, 169, 170, 175l, 175M, 175r, 176, 177, 180, 182, 184, 187l, 187r, 188-189, 192u, 194, 195, 207, 212 und Faltseiten III, IV, V, VI, VIII lu, VIIIMo, VIIIMu, VIIIro, VIII-ru
Gilles Martin-Raget: 27, 175l

Corbis:
Fernando Alda: 105lu; Theo Allofs/Zefa: 40o; O. Alamany & E. Vicens: 113; Paul Almasy: 206; Bernard Annebicque/Corbis SYGMA: 126 ; Atlantide Phototravel: 71, 110Mu, 111ru, 164r; Craig Aurness: 58 M; Remi Benali: 158M; Bjorn Backe/Papilio: 90, 94; Dave Bartruff: 201; Morton Beebe: 167r; Bettmann: 24ro, 51, 138, 141u, 183Mr und Faltseiten lro; Gene Blevins/LA Daily News: 50; Ralph Clevenger: 58l; Ashley Cooper: 119Mu; Corbis: 24Mo, 34l, 43o, 70, 96; S P: 112; Kevin Cruff,: 148o; Tim Davis,: 39r; Francoise de Mulder: 48; Nicloa Dill,: 25lo; Rick Doyle,: 55r; Oswald Eckstein/Zefa: 53l; Robert Essel, NYC: Cover lo und 118lo; Macduff Everton: 161M; Warren Faidley: 143; Najlah Feanny/Corbis SABA: 141lu; Kevin Fleming: 181; Franco & Bonnard/Sygma: 46; Michael Freeman: 57; Raymond Gehman: 119ro; Lowell Georgia: 52l; Rloand Gerth/Zefa: 31r, 59l; Annie Griffiths Belt: 66; Jean Guichard: 86r; Klaus Hackenberg /Zefa: 74-75; Martin Harvey: 82l; Kit Houghton: 55l; Rob Howard: 42 o; images.com: 183ro; Mark A. Johnson: 163; Wlofgang Kaehler: 104lo, 178, 19o; Bob Krist: 118Mo, 179M; Kim Kulish: 40M; Frans Lanting: 159M; Pete Leonard/Zefa: 119lo; Floris Leeuwenberg/The Cover Story: 160l; Lester Lefkowitz: 179l; Alen MacWeeney: 132; P. Manner/Zefa: 156Mu; William Manning: 118lu; James Marshall: 104r; Buddy Mays: 52r; Simon Miles: 165M; Christopher Morris: 98l ; Kevin R. Morris: Faltseiten lru; David Muench: 105ru; NASA: 150; Kazuyoshi Nomachi: 128; Charles O'Rear: 79; Robert Y. Ono: Cover ru und 20l; Perry Conway: 118u; Sergio Pitamitz: 110o, 158r; David Pu'u: 156ro, 56Mu, 164l ; Puku/Grand Tour: 166l; José Fuste Raga/Zefa: 14o; Darius Ramazani/Zefa: 196; James Randklev: 129; Jim Reed: Cover lu und 24M, Cover ro und 151; Roger Ressmeyer: 15ro, 183ru, Massimo Ripani/ Grand Tour: 160r; H. Armstrong Roberts: 82r; Tony Roberts: 99u; Bill Ross: 187M; Guenter Rossenbach/Zefa: 166r; Hans Georg Roth: 42Mu; Galen Rowell: 119ru; Albrecht G. Schaefer: 108M; Schenectady Museum, Hall of Electrical History: 183l; Phil Schermeister: 157o; Skyscan: 179r; Bradley Smith: Faltseiten II; Greg Smith: 204; Paul A. Souders: 148M; Riccardo Spila/Grand Tour: 105o; Hein Van den Heuvel/Zefa: 157Mu; Sandro Vannini: 167M; Patrick Ward: 167l; Les Walker/ NewSport: 161r; Nik Wheeler: 44; Michael S. Yamashita: 107, 108o, 205; Jorge Zapata/EFE: 55M; Mike Zens: 130 u.

Sarah A2/Défi Wind Gruissan: 161l
DR: 158l

Grafische Konzeption und Satz:
Séverine Morizet

Illustrationen:
Richard Florentin

Bildrecherche:
Alessia Florio, Sarah Zylberberg

Bibliografische Information Der Deutschen Nationalbibliothek
Die Deutsche Nationalbibliothek verzeichnet diese Publikation in der Deutschen Nationalbibliografie; detaillierte bibliografische Daten sind im Internet unter http://dnb.d-nb.de abrufbar.

Titel der Originalausgabe: »Le vent. Souffle de la Terre«
Erschienen bei Aubanel, 2007

Deutsche Erstausgabe

Ein Unternehmen der La Martinière Groupe

Umschlaggestaltung: Fabian Arnet
Satz und Redaktion: Volker Eidems für bookwise Medienproduktion GmbH, München
Fachlektorat: Bernd Eisert, Gabriele Reich
Druck: SNP
Printed in Asia

ISBN 978-3-89660-527-6

www.knesebeck-verlag.de